生产网络与区域创新论丛

雾霾的"动员式治理"现象研究

石庆玲 著

中国财经出版传媒集团

中国财政经济出版社

图书在版编目（CIP）数据

雾霾的"动员式治理"现象研究／石庆玲著．—北京：中国财政经济出版社，2018.10

ISBN 978 - 7 - 5095 - 8310 - 4

Ⅰ．①雾…　Ⅱ．①石…　Ⅲ．①空气污染 - 污染防治 - 研究 - 中国　Ⅳ．①X51

中国版本图书馆 CIP 数据核字（2018）第 128061 号

责任编辑：高树花　　　　　　责任印制：刘春年
封面设计：孙俪铭　　　　　　责任校对：胡永立

中国财政经济出版社 出版

URL：http：//www.cfeph.cn

E - mail：cfeph @ cfeph.cn

社址：北京市海淀区阜成路甲 28 号　邮政编码：100142

营销中心电话：010 - 88191537　北京财经书店电话：64033436　84041336

北京财经印刷厂印装　各地新华书店经销

710×1000 毫米　16 开　10.25 印张　200 000 字

2018 年 10 月第 1 版　2018 年 10 月北京第 1 次印刷

定价：58.00 元

ISBN 978 - 7 - 5095 - 8310 - 4

总　序

　　长江全长 6397 千米，是世界第三大长河，流域面积 180 万平方千米。长江经济带包括上海、江苏、浙江、安徽、江西、湖北、湖南、重庆、四川、贵州、云南九省二市，2015 年，其土地面积为 205 万平方千米，占全国国土总面积的 21.3%；人口为 5.9 亿，占全国的 43.7%；国内生产总值为 30.53 万亿元，占全国的 45.12%，是横跨我国东中西三大不同类型区的巨型经济带，也是世界上人口最多、产业规模最大、城市体系最为完整的流域，在中国发展中发挥着十分重要的作用。

　　协同发展（Coordinated Development）是指协调两个及两个以上的不同资源、个体，相互协作围绕某一具体目标，达到共同发展的过程。协同发展论与达尔文进化论不同，强调竞争不以优胜劣汰、置对方于死地为目的，而是通过发挥双方各自特长，通过制度、体制、科技、教育、文化的创新，实现双方的共同发展和社会共同繁荣。协同发展的理论根基为协同学。而协同学（Synergeics）由德国斯图加特大学教授、著名物理学家赫尔曼·哈肯（Harmann Haken）于 1971 年首次提出，并在 1976 年发表的《协同学导论》著作中进行了系统论述，它是一门跨越自然科学和社会科学的新兴交叉学科，是研究系统内部各子系统之间通过相互合作共享业务行为和特定资源，而产生新的空间结构、时间结构、功能结构的自组织过程和规律的科学。1990 年以来，随着冷战的结束、经济全球化的发展，协同学逐渐被引入到地理学、经济学、管理学、社会学等学科领域，并得到了进一步发展和应用。

　　放眼全球，受经济全球化不断深化的影响，协同发展论已经成为当今世界许多国家和地区实现社会可持续发展的理论基础，欧盟已将协同发展作为推进欧洲一体化的指导思想与原则，并据此制定了一系列涉及世界城市群建设、创新网络、经济互动、社会共享等领域的纲领和政策措施，并取得了显著成效。回眸域内，长江经济带建设是我国新时期与"一带一路"、京津冀协同发展并列的三大国家发展战略之一。2013年7月21日，习近平总书记在湖北考察时指出，"长江流域要加强合作，发挥内河航运作用，把全流域打造成黄金水道"；2014年3月5日，李克强在《2014政府工作报告》中首次提出"要依托黄金水道，建设长江经济带"；2014年9月25日，国务院发布了《关于依托黄金水道推动长江经济带发展的指导意见》（国发〔2014〕39号），明确了长江经济带的地域范围、奋斗目标和发展战略；2016年3月18日发布的《中华人民共和国国民经济和社会发展第十三个五年规划纲要》指出，推进长江经济带发展，建设沿江绿色生态廊道，构建高质量综合立体交通走廊，优化沿江城镇和产业布局，坚持生态优先、绿色发展的战略定位，把修复长江生态环境放在首要位置，推动长江上中下游协同发展、东中西部互动合作，建设成为我国生态文明建设的先行示范带、创新驱动带、协调发展带。

展望未来，长江经济带在我国国民经济带发展中肩负着重要的历史使命，必须在践行创新、协调、绿色、开放、共享的发展理念、在协同发展、科技创新等方面率先垂范。有鉴于此，依托教育部人文社科重点研究基地"华东师范大学中国现代城市研究中心"、上海市哲社重点研究基地"华东师范大学长三角一体化研究中心"、上海市人民政府决策咨询研究基地曾刚工作室、华东师范大学城市发展研究院，在教育部中国特色世界一流大学和一流学科建设计划、上海高等学校高峰学科和高原学科建设计划等的支持下，在笔者主持的长江经济带系列研究项目的基础上，编著、出版《长江经济带协同发展的过程、机理、管治》丛书，全面系统探讨长江经济带不同空间层级、不同专题领域的协同发展、创新发展问题，以期为长江经济带科学规划、健康发展提供理论和应用参考。

在丛书的编写和出版过程中，上海市人民政府发展研究中心、华东师范大学长江经济支撑带协同创新中心、中国长江经济带研究会（筹）等单位、组织的领导和工作人员给予了大力支持，中国财政经济出版社王长廷副总编辑等为本书顺利出版付出了大量心血，特此致谢！

需要特别说明的是，长江经济带协同发展是一个重大而复杂的理论与应用命题，迫切需要社会各界协同探索。受多方面条件所限，本套丛书谬误之处在所难免，恳请读者批评指正！

华东师范大学终身教授　曾刚

2016 年 5 月于华东师大丽娃河畔

前　言

近年来，随着中国社会经济的快速发展，人民生活水平有了根本性改变，但同时环境污染问题也越来越"突出"。这不仅缘于环境污染的严重程度，更缘于人们环保意识的迅速提高。这在近年来才引起广泛关注的"雾霾"问题上，表现尤为明显。雾霾问题，已经不仅仅是关乎亿万民众身心健康和社会经济可持续发展的问题，而且成为影响国家形象和政府颜面的问题，甚至被认为是会影响到社会政治和谐稳定的问题。因此，尽快治理好雾霾，已经成为中国上上下下、方方面面迫切要求的事情，在各级政府的日程中也越来越重要。

一方面是公众和中央政府的环境保护压力越来越大，另一方面是"唯GDP论"等传统政绩观的惯性影响，地方政府必须在回应公众及中央环境保护压力和维持辖区经济增长中进行平衡。在这种"保蓝天"和"保增长"的跷跷板中，虽然保蓝天往往被牺牲，但在某些政治更敏感、更需要照顾民意的特殊时期，地方政府可能就会相对更加重视蓝天，从而通过采取一些临时性的举措如"动员式治理"，实现雾霾的临时性改善。因而，就非常有必要严肃地讨论这种"动员式治理"的可行性和雾霾临时性改善的可持续性。在本书中，我们利用 2013 年 12 月至 2016 年 6 月中国近 190个城市的日度空气质量指数（AQI）数据，以及主要单项空气污染物的浓度数据，使用多种计量方法，从多个角度分析和讨论了雾霾的这种动员式治理。

首先，本书的三个实证研究均发现，在某些特殊的政治敏感时期，雾霾确实会临时性改善。例如，无论是地方"两会"期间，还是环保部约谈后一段时间，以及地方主要官员更替前后，均出现了雾霾的临时性改善。

这说明动员式治理导致的短暂的"政治性蓝天"不仅出现在关乎国际形象的阅兵式和国际会议期间，也是各地环境污染治理的形象工程的常规性举措。而且，这种依赖短期重视环境保护创造的"政治性蓝天"虽然美好，却没有可持续性，政治敏感时期过后不久，雾霾就会恢复常态，甚至还会以政治事件过后更严重的报复性污染为代价。这一结论说明"政治性蓝天"完全是地方政府应付上级和民众的一个形象工程。

其次，本书的实证研究还发现，地方政府和官员对雾霾的治理有鲜明的特征：上级考核和关注什么，就治理什么，不考核和不关注的污染物，就选择性忽略。例如，各城市"两会"召开期间，空气质量的改善主要发生在PM2.5、PM10、SO_2等环保考核更重视、民众更关注的污染指标上。基于环保部约谈的研究发现，如果城市是因为空气污染原因被约谈的，则约谈有显著的空气污染治理效果，但如果该城市不是因为空气污染原因被约谈的，则约谈对其空气污染就没有影响。

最后，本书也从官员更替入手，创新性地讨论了中国城市严重的空气污染的政企合谋缘由。具体而言，本书发现对于反腐中落马的市委书记，或任期较长的市委书记，其更替前后大气中SO_2等空气污染物浓度的下降幅度更加明显。这印证了政企合谋是中国城市严重的空气污染的一个重要原因，官员任期越长越稳定，这种政企合谋现象就越严重。而官员的更替，有助于对这种政企合谋形成一种震慑效应，降低政企合谋的程度，从而可以改善空气质量，特别是那些受政企合谋影响相对更大的单项空气污染物。此外，官员更替前后，SO_2、CO等空气污染物浓度明显下降，AQI以及其他空气污染物浓度则没有明显变化，这是因为SO_2、CO等空气污染物深受政企合谋影响，其他污染物受政企合谋影响则相对较弱，与上述实证发现的逻辑也完全契合。

华东师范大学讲师　石庆玲
2018 年 11 月

目　　录

第 1 章

导　　论

本章首先介绍本书的选题背景，引出研究主题，并对本书的研究意义进行必要阐述；其次简述全书的主要研究内容，并对本书所使用的研究方法和所需要的研究数据进行简要说明；最后简要阐述全书的结构和安排。

1.1

研究背景和研究意义

1.1.1　研究背景

中国工业化和城市化快速推进的同时，经济发展模式依然非常粗放，导致了一系列十分严峻的环境问题，特别是当前引起社会各界诸多讨论的空气污染和雾霾问题。根据亚洲开发银行的报告，在中国的大城市当中，满足世界卫生组织（WHO）建议的空气质量标准的城市不足 1%（Zhang and Crooks，2012）。清洁的空气是人类赖以健康生存的重要条件之一，而雾霾问题却严重威胁着人类的健康。构成雾霾的主要成分包括总悬浮颗粒物（TSP）、硫氧化物（SO_x）以及氮氧化物（NO_x），其中总悬浮颗粒物主要是指可吸入颗粒物和细颗粒物，这二者即近年来被民众广为熟知的臭名昭著的 PM10 和 PM2.5。这些颗粒物极大地危害着人类的健康。大量研究表明，雾霾会诱发呼吸系统疾病等多种疾病，造成人类死亡率升高，更会对新生婴儿的健康甚至存活率造成极大的不利影响。而且，雾霾不仅直接对人类的健康造成严重威胁，还会对人类的生产和生活带来极大不便，阻碍着社会经济的进步。

近年来，随着恶性雾霾事件的不断爆发，民众对于雾霾的认识越来越深入，对清洁空气的渴望越来越迫切，更是要求全社会和有关部门采取积极措施，应对雾霾，治理雾霾，还天空以本来的颜色。2014 年 1 月，中国国家减灾办、民政部首次将雾霾天气纳入自然灾情中，并对其进行通报。可见，无论是国家还是民众，都迫切希望雾霾问题早日得以解决。解决好雾霾问题，已经成为当前关乎国计民生的头等大事之一。而且，雾霾问题也成为关乎国家形象以及国家可持续发展的重大问题。随着中国软硬实力的不断增强，中国在国际上越来越占有举足轻重的地位，一方面要树立中国大好河山蓝天碧水的美好形象，另一方面提了很久的可持续发展决不能只是一句空话，雾霾问题归根到底仍是可持续发展的问题。自古以来，一个地区的环境问题便与其经济发展是息息相关的，当前，雾霾问题已经成为制约中国经济发展的重要因素。

在环境污染依然严峻的形势下，公众环境保护意识不断增强，经常有意识甚至有组织地表达对环境污染问题的关切。例如，2006 年厦门临港新城被规划为石化中下游产业区，为反对二甲苯化工项目（即 PX 项目）的落地，厦门市市民自发组织了一场有名的"散步"行动，向市政府施压，最终成功阻止该项目落地。2011 年，大连市市民也爆发了一场反对 PX 项目的抗议活动，大连市政府当即决定该项目立即停产并将其搬迁。2012 年，四川省什邡市市民抗议钼铜项目的建设，并最终使其搁置。公众环境保护意识的增加，迫使政府更加注重环境保护工作，特别是中央政府，通过了一系列环境保护政策和法规，要求地方政府加强环境保护工作。

一方面是公众和中央政府的环境保护压力越来越大；另一方面是"唯 GDP 论"的传统政绩观的惯性影响，地方政府必须在回应公众及中央环境保护压力和维持辖区经济增长中进行平衡。在这种"保蓝天"和"保增长"的跷跷板中，虽然保蓝天往往被牺牲，但在某些政治更敏感、更需要照顾民意的特殊时期，政府可能就会相对更加重视蓝天，从而通过一系列"动员式治理"，以实现雾霾天气的临时性改善。例如，2014年 11 月，[①] 北京 APEC 会议期间，由于北京市政府出台了一系列十分严厉的政策以在短时间内治理严峻的雾霾天气，一时间，工厂停产，汽车限行，其效果十分显著，可谓立竿见影，北京出现了罕见的蓝天，"APEC蓝"也成为新造的热词。类似地，2015 年 9 月，为纪念世界反法西斯战争胜利七十周年，中国在天安门广场举行了大规模阅兵，政府同样出台了一系列政策，人们将那一时期的蓝天称为"阅兵蓝"。然而，非常有必要讨论这种依靠临时性措施对雾霾进行"动员式治理"的具体效果，以及效果的可持续性等问题。在本书中，我们的研究主题即尝试通过雾霾相关数据及雾霾治理的经济学理论机制，来讨论上述问题。

1.1.2　研究意义

一方面，本书总结了雾霾产生的经济学机制和有关雾霾治理等方面的研究，结合当前中国各级政府在雾霾治理中存在的主要问题，创新性地提出雾霾的"动员式治理"这一说法，并以此为切入点，对雾霾"动员式治理"的效果，即雾霾临时性改善现象进行了研究。这一研究视角尚很少有经济学者触及，对于当前的雾霾问题研究具有一定的理论意义。本书探求在中国分级行政体制下，雾霾问题背后的政治经济学理论机制，丰富和充实了诸如晋升锦标赛、央地关系、政企合谋等研究，为行政干预视角下的雾霾问题研究提供一定的科学支撑和理论依据，为中国各级地方政府解决当前令民众"谈霾色变"的雾霾问题提供了一个新的思考视角，具有理论意义。

另一方面，欲彻底解决中国的雾霾问题，必须找到其背后的经济学根源，乃至政治经济学根源，本书从实证角度寻找中国雾霾的政治经济学根源，并将其应用到各级政府对雾霾问题的处理中。本书的实证研究，对我们各层政府进行雾霾治理政策的制定和改革，具有一定的参考价值。通过

---

① 资料来源：《区域联动　多措并举　周密部署　全力保障 APEC 空气质量》，中华人民共和国生态环境部，2014 年 11 月 15 日，http：//www. zhb. gov. cn/gkml/hbb/qt/201411/t20141115_291482. htm.

对雾霾"动员式治理"的效果和可持续性进行考察，可以为各级政府治理雾霾问题提供切实可行的政策启示。此外，这样的研究还有助于更好地解决当前中国经济发展正面临着的全面协调可持续性问题，最终为实现中国经济的长期可持续发展贡献应有的微薄力量，具有一定现实意义。

1.2.3　研究内容

从研究内容来看，本书主要是考察雾霾的"动员式治理"的效果和效果的可持续性。所谓雾霾的"动员式治理"，主要是指在某些特殊时期，政府以超出平常的力度，采取临时性的举措来治理雾霾。随着中国社会经济发展水平的日益提高，中国民众的生活水平有了显著的改善，越来越多的人开始关注自己所生活的环境，进而使得民众的环境保护意识逐渐提高，从而对政府加强环保工作也就提出了越来越高的期待和要求。而政府也确实越来越强调环境保护工作，特别是中央政府，提出了诸如科学发展观、生态文明建设等发展理念。同时中央政府也越来越注重将节能减排等环境保护工作指标作为重要依据，纳入对地方政府和官员政绩水平的考核当中。在中央和公众对地方政府加强环境保护的要求和期待下，目前节能减排已经和经济增长一样，成为影响地方官员晋升的考核依据。当然，地方政府究竟是更重视环境保护，还是更重视经济增长，是一个很有争议的话题。但讨论环境保护是不是已经成为地方官员的考核指标，乃至讨论其和经济增长在考核官员中何重何轻固然是重要的，但有一点需要注意的是，衡量空气质量和经济增长的时间窗口非常不同。空气质量每天乃至每小时都可能变化，经济增长只有经过较长时期才能发生缓慢变化。因此，虽然在较长的时间段内，例如全年或其整个任期内，地方官员可能会相对而言更重视经济增长，而忽视甚至牺牲空气质量，但在某些特殊时期，在更短的时间窗口内，地方政府和官员可能就会相对更重视空气质量，因为对空气质量的暂时重视，并不会有损当地的长期经济增长，可以等到特殊时期过后，再恢复常态。此即为本书的中心议题，即政府对雾霾的"动员式治理"。

具体而言，本书从中国雾霾治理中的几种典型的"动员式治理"情形入手，分析考察这几种雾霾的"动员式治理"产生的效果及其可持续性等。其一，本书将地方"两会"的召开视作一个政治敏感时期，考察地方"两会"召开期间，地方政府对于雾霾的"动员式治理"及其效果。对这一问题的考察其实还蕴含着官员考核机制和政治周期对雾霾的影响这一实质性问题。其二，本书将环保部对地方政府主要负责人的"约谈"，也视作一种激励地方政府采取临时性措施，对雾霾进行"动员式治理"的案例。对这一问题的考察，也有助于我们理解中国的央地关系以及环保部门与地方政府关系，对雾霾治理具有重要的意义。其三，本书将地方政府主要负责人市委书记的更替，视作一种对腐败和政企合谋的震慑时机，考察空气污染的成因当中是否有腐败和政企合谋的成分，其具体逻辑在于笔者认为政企合谋是空气污染的重要原因之一，而地方政府主要官员的更替有助于在短时期内震慑和缓解政企合谋，从而官员更替可能就有助于空气污染的临时性改善。

1.2

研究方法、数据和创新之处

1.2.1　研究方法

"工欲善其事必先利其器"，合适的研究方法是保证研究顺利进行的必要工具，根据本书的具体研究目的和研究内容，本书主要采用实证和计量统计的研究方法。实证方法即根据本书的三个主要研究内容，构建不同的实证模型，分别分析三种"动员式治理"对空气污染的影响。具体而言，对于计量方法，本书根据不同的研究内容和要识别的不同问题，主要采取以下三种当前较为前沿同时被广泛使用的计量方法：

第一，双重差分法（difference-in-difference，DID）。在研究雾霾的"动员式治理"第一种情形，即地方"两会"召开与雾霾临时性改善现象时，本书采用双重差分法，其好处是可以解决掉其中或许存在的内生性问题（第 4 章）。双重差分法的基本原理即首先构造出有政策处理的"处理组"（或者说"实验组"）和没有经过处理的"对照组"，以及构造政策处理之前的"处理前"与"处理后"的双重差异，然后通过控制其他因素，对某一政策发生前后，处理组和对照组之间的双重差异进行比对分析，以此双重差异来解释这一政策的实施效果。其巧妙的建模思路使得研究者可以克服普通回归方法中存在的内生性问题，因而近年来被越来越广泛的使用。

第二，断点回归（regression discontinuity，RD）。在研究雾霾的"动员式治理"第一种情形，即地方"两会"召开与雾霾临时性改善现象，以及雾霾的"动员式治理"第二种情形，即环保部"约谈"与雾霾临时性改善现象时，本书使用断点回归方法分析空气质量在随着日期和季节的渐进变化中，是否受到"两会"以及环保部"约谈"的突然冲击（第4章、第5章）。断点回归方法的核心思想是，它将政策变量视为一个突然发生了改变的变量，因此通过采用某些方法将这一政策变量与其他没有发生改变的连续变化的变量（包括能够被观察到和无法被观察到的变量）的影响相剥离，从而对该政策实施产生的影响加以准确识别。断点回归常用来评估政策，在空气污染的文献中已被广泛使用，这些文献广泛以时间为断点，考察在某事件发生之前和之后的空气质量是否发生突变（Davis，2008；Viard and Fu，2015；曹静等，2014；梁若冰和席鹏辉，2016）。

第三，事件分析法。在研究雾霾的"动员式治理"第三种情形，即官员更替前后与雾霾临时性改善现象时，本书使用事件分析法。借鉴"事件分析法"的思想，本书将官员更替作为一个准自然试验，考察官员更替前后的空气质量指数和单项污染物浓度，是否与其他普通时期存在差异（第6章）。事件分析法的基本思想即分析某事件的发生是否对社会经济生活等各个方面形成冲击和影响，一直被研究者们广泛应用于金融市场等各研究领域的实证研究当中。

1.2.2　数　据　说　明

本书主要涉及雾霾相关数据，即构成雾霾的空气污染物数据、政府行为方面的数据、地理气象数据以及节假日数据等四个方面的数据，涵盖了中国近 190 个城市 2013 年以来的日度历史数据。

第一，雾霾数据。雾霾数据主要来自"中国空气质量在线监测分析平台"和环保部。其中来自"中国空气质量在线监测分析平台"的雾霾数据涵盖近 190 个城市 2013 年 12 月至 2016 年 8 月主要大气污染物的完整日度历史数据，包括一个指数数据即环境空气质量指数（air quality index，AQI），以及六项单项大气污染物（即 PM2.5、PM10、SO_2、CO、NO_2、O_3）的浓度数据。其中来自环保部的数据包括全国 360 多个城市 2014 年 1 月至 2016 年 8 月的 AQI 完整日度历史数据，这一部分数据主要用在对核心回归进行稳健性分析的辅助回归当中。雾霾相关数据构成了本研究的核心被解释变量。

第二，雾霾的"动员式治理"数据。对应本书主要研究内容，雾霾的"动员式治理"数据主要通过政府行为来反映，政府和官员行为方面的数据主要包括各地"两会"数据、"环保部约谈"数据以及市委书记更替数据。这部分数据主要来自各大媒体发布的实时新闻稿以及官员在百度百科等主流媒体上的简历信息，时间跨度为 2013 年 6 月至 2016 年 8 月。这一类政府行为数据构成了本研究实证模型中的核心解释变量。

第三，气象假日数据。由于气象条件，例如降雨、气温、风力等都是影响空气污染的重要因素，因此本书也控制了气象数据。气象数据来自"2345 天气网"提供的城市历史数据。气象数据包括近 190 个城市 2013 年 12 月至 2016 年 8 月的最低气温、最高气温、是否有雨、是否有雪、风力大小等的完整日度历史数据。法定假日及调休日则主要是为了控制假期与非假期对空气质量的影响，假日数据根据国务院办公厅每年发布的节假日安排通知整理，时间跨度为 2013 ~ 2016 年。气象数据和假日数据构成本研究的重要控制变量。

1.2.3   创新之处

本书使用计量分析方法，对当前中国地方政府在雾霾治理中存在的"动员式治理"，以及其所带来的治理效果即"雾霾临时性改善"现象的可持续性进行分析。概括来讲，从研究视角、研究方法以及研究数据上来看，本书的创新之处有以下四点：

第一，本书借用社会学研究范畴中的"动员式治理"一词，阐述和研究在雾霾治理中出现的"动员式治理"现象，并从经济学研究视角对这种"动员式治理"的效果进行分析和评述。当前学界对于"动员式治理"的研究，仍多以个案分析为主，因此使用严谨的计量分析探讨雾霾治理中的"动员式治理"问题，成为本书的一个创新之处。

第二，本书研究视角较为独特，将地方政府行为引入到研究范畴当中，尝试从制度层面上对空气污染治理问题，特别是对雾霾问题在各地地方政府层面上的治理进行深入分析和探讨。而从政府行为的视角深入分析雾霾治理问题的研究，目前则仍较为稀少。

第三，本书首次从学术角度提出并阐述了"动员式治理"及其带来的"雾霾的临时性改善"这一近年来空气治理中出现的重要现象的理论机制，并分别以地方"两会"、环保部"约谈"以及官员更替为切入点，从实证角度论证了"动员式治理"和"雾霾的临时性改善"广泛存在的证据及其后果。另外，相比于以往对环保部"约谈"进行个案分析，或从法规完善角度进行分析的文章，本书对环保部"约谈"的污染治理效果进行了严格的实证分析，也不失为本书的一个创新之处。

第四，在研究数据上，本书也有一定创新之处。本书首次将日度的空气质量指数和空气污染物浓度数据分别与地方政府"两会"召开信息、环保部"约谈"信息以及各地官员更替信息相匹配，相较于使用年度数据研究雾霾问题或者官员更替影响问题的同类文献，本书的数据处理显得更加翔实细致。

1.3

结构安排

本书从中国地方政府对雾霾的"动员式治理"这一角度入手，对近年来中国各级政府和社会大力治霾的效果进行研究和探讨，主要基于政治经济学、环境经济学，采用经济计量方法，利用环境污染数据、各级政府的动员式治霾相关数据以及地理气象等数据，研究当前"动员式治理"对雾霾的临时性改善现象。根据本书的主要研究逻辑，本书的结构安排如下：第1章为导论；第2章为文献综述；第3章介绍雾霾的定义、度量及现状；第4章至第6章为本书的核心研究内容，包括地方"两会"召开与"政治性蓝天"、环保部"约谈"与空气污染治理、以及官员更替、合谋震慑与空气污染治理；第7章为全书总结与政策建议。图1-1是本书的研究技术路线图，给出了各个章节之间的逻辑关系。

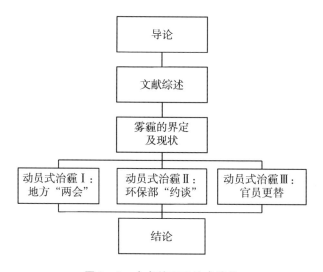

图1-1 本书的研究技术路线

各个章节的具体内容概要为：

第1章是本书的导论部分，主要阐明本书的主要研究背景和重要研究意义，确定主要研究内容、基本研究方法和所使用的数据，以及本研究可能的创新之处，同时对本书的结构安排加以说明。

第2章为文献综述。这一章从三个方面对当前国内外的研究进展进行总结综述，第一方面是对雾霾的经济学机制进行综述，第二方面是对中国雾霾问题的政治经济学理论机制的综述，第三方面是就"动员式治理"及"动员式治理"的研究范式进行综述。雾霾问题是经济学问题，也是政治经济学问题，因此本书不仅对雾霾形成和治理的经济学机制进行综述，同时更从制度层面上梳理和综述了中国雾霾问题的政治经济学机制。在对"动员式治理"进行综述时，这一章详细界定了在本书中"动员式治理"的具体含义。借鉴社会学领域的"动员式治理"，提出针对雾霾治理的

"动员式治理"这一创新性的说法,构成了本书的主要切入点。

第3章为雾霾的定义、度量及现状。首先对雾霾的基本定义进行界定,其次对雾霾的主要度量方式进行介绍。当前多使用空气质量指数(AQI)来表征雾霾的严重程度,在2012年全部使用AQI之前,中国一直采用另一个表征空气污染严重程度的指标,即空气污染指数(Air Pollution Index,API)来度量空气质量状况。雾霾作为一种自然天气现象,同时也极容易受到人类活动的影响,因此其产生的原因不外乎自然和人为两类因素。最后对中国雾霾的现状进行了总结,包括中国雾霾现状在全球的排名情况,中国雾霾的空间分布特征以及中国雾霾的时间分布特征。这一章对雾霾特征的分析为余下几章的实证分析奠定了基础。

第4章为雾霾的"动员式治理"第一种情形,即地方"两会"召开与"政治性蓝天"。地方政府和官员更重视环境保护,还是更重视经济增长,目前尚有争议,但在政治敏感时期,地方政府会有更大的激励加大环境保护力度,营造一种暂时性的"政治性蓝天",因为这并不影响长期的经济增长。这一章通过对中国189个城市2013年12月至2016年3月的日度空气质量指数(AQI)及合成空气质量指数的单项污染物(PM2.5、PM10、SO_2、CO、NO_2、O_3)浓度数据进行实证研究,发现各城市"两会"召开期间,空气质量显著改善。相对于平常时期,"两会"期间空气质量指数会降低约5.7%。而且,"两会"期间空气质量的改善主要发生在PM2.5、PM10、SO_2等考核更看重、民众更敏感的污染指标上,而对于NO_2和O_3等污染指标,则影响不显著。此外,第4章的实证结果还发现,部分空气污染指标的改善实际上在"两会"召开前就已经开始,但在"两会"过后,空气质量迅速恶化,且恶化的程度较"两会"召开期间的改善程度,更为严重,因此"政治性蓝天"是以政治事件过后更严重的报复性污染为代价的。

第5章为雾霾的"动员式治理"的第二种情形,即环保部"约谈"与空气污染治理。在属地化的环境管理体制下,治理严峻的环境污染问题,必须调动地方政府和官员的积极性,为此环保部门采取了一种约谈地方政府主要负责人的制度,以督促地方政府加强环保工作,这一章针对公开约谈的25个城市,使用断点回归方法评估了这一政策对空气污染的治理效果。实证结果发现如果是因为空气污染原因被约谈，则约谈有显著的空气污染治理效果，但如果不是因为空气污染原因被约谈，则约谈对空气污染就没有影响。对单项污染物的分析则发现，约谈的治霾效果主要体现在 PM2.5 和 PM10 上，而对其他空气污染物没有显著影响，这与目前空气污染治理考核指标集中在 PM2.5 和 PM10 上完全一致。此外，实证结果还发现环保部约谈对空气污染的治理只有非常短期的效果，约谈过后不久，空气污染就恢复常态。

第 6 章为雾霾的"动员式治理"第三种情形，即官员更替与空气污染治理。雾霾难以根治，可能有其更深层次的政治经济体制方面的原因，例如政企合谋方面的原因。城市主要官员的长期任职，会在当地形成政企合谋的氛围，纵容当地企业的非法排污，因而地方主要官员的更替则会对这种政企合谋形成一种震慑效应，进而对受到政企合谋影响较大的污染问题产生影响。这一章利用 2013 年 12 月至 2016 年 6 月全国 160 个研究城市的市委书记更替的信息，与城市日度空气质量指数和单项污染物浓度数据相匹配，发现城市主要官员更替发生前后，SO_2、CO 等受政企合谋因素影响较大的空气污染物，其浓度显著下降；而 AQI 以及其他受政企合谋因素影响较小的空气污染物没有明显变化。进一步的分析也显示，对于任期较长的市委书记，或反腐中落马的市委书记，其更替前后 SO_2 等空气污染物的下降更加明显；而且官员更替的震慑效应还会对同省其他城市产生溢出效应。

第 7 章为总结与政策建议。在总结全书的基础上，就本书主要结论提炼出有助于中国雾霾治理的政策建议和启示，并说明本书的不足之处以及进一步的研究展望。

第 2 章

文 献 综 述

2.1

引言

2015 年 3 月，原中央电视台记者柴静在各大视频网站上发布了其自费拍摄的纪录片《穹顶之下》，一时间引起社会各界的极大关注和激烈讨论，雾霾问题再次在公众当中引起轩然大波。虽然《穹顶之下》的专业性受到了一些批评，但视频的广泛传播，意味着中国雾霾问题已经成为关系百姓民生的重大敏感问题。当前，雾霾问题已经成为社会各界广泛关注的话题，也成为经济学、环境学、公共卫生等学科学术研究的热门话题。

"雾霾"一词首次进入公众视野而引发广泛关注是在 2010 年 11 月~12 月，当时美国驻北京大使馆在其官方微博上两次发布 PM2.5 监测数据"爆表"事件①。随后，在社会各界的压力下，中国环保部门也开始逐步在全国重点城市检测和报告 PM2.5。但实际上，中国各地雾霾天气的出现已颇有一些时日。2010 年 9 月，美国国家航空航天局（NASA）发布了2001~2006 年全球空气污染形势卫星数据，该数据表明，中国的华东和华北地区是全球 PM2.5 浓度最高的地区之一，其平均浓度接近 0.08 毫克/立方米，而除中国以外，全球只有北非地区的 PM2.5 平均浓度超过了 0.05

---

① "PM2.5 爆表"是媒体报道 2011 年年底美国大使馆自测的 PM2.5 指数暴涨突破了监测仪器阈值的简称。一般仪器测量指数上限为 500，而当时一度突破 500，乃至无法显示测量结果。详见刘运国和刘梦宁（2015）的讨论。

毫克/立方米（Brauer et al.，2012）。据 2013 年中国环境状况公报显示，2013 年中国各地雾霾天气形势非常严重，京津冀区域、长江三角洲区域、珠江三角洲区域以及直辖市省会城市等 74 个重点监测城市中平均达到国家二级标准（即《环境空气质量标准》，GB3095 - 1996）的天数比例为 60.5%，17 个城市达标天数比例竟低于 50%。其中，京津冀区域、长江三角洲区域、珠江三角洲区域这三大重点区域中，京津冀区域和珠江三角洲区域所有城市均未达标，长江三角洲区域仅舟山市达标[①]。一时间，中国公众面对严峻又频发的雾霾天气，已是"谈霾色变"。不过，近年来中国的空气质量稍有好转，例如，2015 年首批实施新环境空气质量标准的 74 个城市的 PM2.5 平均浓度较 2014 年下降 14.1%。但总体而言，目前的空气质量依然不容乐观，在 2015 年全国 338 个地级以上城市中，有 73 个城市环境空气质量达标，占比 21.6%；265 个城市不达标，占 78.4%[②]。

人们对雾霾产生恐惧，甚至谈霾色变，是因为人们已经意识到雾霾对人身心健康的负面影响。自 20 世纪 80 年代开始，国内外大量学者已经对雾霾对人体健康的影响进行了大量研究。Beatty 和 Shimshack（2014）的研究表明，空气污染大大增加了健康风险。杨新影（2013）、Chen 等（2013）、Wang 等（2014）等中外学者的研究表明，严重的空气污染使得人群罹患肺癌、心脏病等心肺疾病的概率显著提高。Dockey 等（1993）、Pope 等（1995）等学者的研究甚至表明大气中 PM2.5 和 PM10 的浓度增加直接导致死亡率的上升。雾霾对人体健康的影响之所以如此之大，是因为 PM2.5 颗粒由于粒径够小，不仅能够进入支气管，还能够直接进入人体的肺泡当中，对肺造成不可逆转的破坏，甚至威胁人类的寿命（Boldo et al.，2006；Dockery et al.，1993；Pope Ⅲ et al.，2002，2009）。更让人惶恐的是，这些 PM2.5 颗粒物会携带有大量病毒和细菌等有毒有害物质一同进入人体肺泡之中，随着呼吸系统和心脑血管而对人体造成十分严重的伤害，诱发多种疾病，甚至威胁生命。Lim 等（2012）、Yang 等（2012）等的研究表明，全世界每年因 PM2.5 的危害而过早死亡的人数高达 320 万之多。Chen 等（2013）的研究显示，中国北方地区严重的雾霾天气导致当地居

---

① 资料来源于中国环境状况公报 2013。
② 资料来源于中国环境状况公报 2015。

民平均寿命缩短了 5.5 年。另外，Fonken 等（2011）的研究表明，雾霾甚至会对人脑的功能和结构产生负面影响。

雾霾不但导致了人类死亡率的上升，而且对新生婴儿的健康也造成了十分严重的不良影响。Trasande 等（2013）、Attina 等（2013）等的一项国际研究分析了来自美国等 9 个国家和地区的 14 个研究中心所提供的 300 万名新生婴儿的数据，研究表明大气中 PM10 浓度每增加 0.1 毫克/立方米，新生婴儿体重不足的概率将增加 3%。魏复盛和胡伟等（2000；2001；2003）对中国广州、武汉、重庆、兰州 4 个城市的研究结果表明，儿童呼吸系统疾病的患病率和 PM2.5 以及 PM10 的浓度呈现出正相关的关系，且这一相关关系强于这种疾病患病率和 SO_2 以及 NO_2 的相关关系。Arceo 等（2012）的最新研究表明，空气污染对婴儿死亡率也有显著影响，空气中 CO 每提升 1ppb，每周每 10 万个新生婴儿中死亡人数将显著增加 0.0046；而 PM10 每增加 1 微克/立方米，则这一死亡婴儿人数将显著增加 0.23。Chay 和 Greenstone（2003）、Tanaka（2015）、Cesur 等（2016）等其他很多学者也对空气污染与婴儿死亡率之间的关系进行了大量研究，都得到了相类似的结论。

雾霾不但危害人们的健康，也会给人们的生活带来诸多不便。随着民众对雾霾认识的不断深入，居民的幸福指数也直接受到了严重的影响，国内外研究均表明，居民的幸福感随空气污染程度的提高而显著下降（杨继东和章逸然，2014；Levinson，2012；Li et al.，2014）。Zheng 等（2015）对中国空气污染的研究表明，雾霾还可能恶化中国人力资本积累与生活质量方面的贫富差距。再比如，Currie 等（2009）对美国德克萨斯州 39 所中学的学生旷课率进行了研究，其研究结果表明空气污染会显著增加学生的旷课率，尤其是 CO 的污染，即便空气污染程度只是稍稍超标。Zweig 等（2009）对加州公立学校的学生考试成绩与室外空气质量之间的关系进行了研究，研究表明当室外空气质量水平升高时，学生的考试成绩会有显著的提高，当 PM10、PM2.5 和 NO_2 的浓度分别降低 10% 时，学生的数学考试成绩会分别提高 0.15%、0.34% 和 0.18%。此外，还有大量研究表明，空气污染还会对资本市场、股票价值带来一定的影响（Levy，2011；Heyes et al.，2016）。

雾霾除了给人们的生活带来诸多不便，也会对社会生产造成不利影响，甚至还会阻碍社会的进步，而国家每年投入雾霾治理中的花销也不可小觑。生产受到雾霾影响从而使得经济效益下滑，最终导致整个社会的经济不景气。Zivin 和 Neidell（2012）的研究就表明，雾霾会导致工人的生产率下降；Chang 等（2016a，2016b）基于室内工人的效率数据，发现雾霾甚至会降低在室内工作的蓝领和白领工人的效率；Yang 等（2016）基于投入产出方法（Input-output model），对 2007 年中国 30 个省区市由于空气污染而带来的社会经济成本进行了估算，结果表明 2007 年空气污染为中国社会经济造成了直接和间接经济损失达 3 462.6 亿元人民币，相当于当年 GDP 的 1.1%。雾霾还容易引发一系列社会问题，阻碍经济发展和社会进步，甚至影响到社会和谐。Shi 和 Guo（2018）发现在雾霾天，网民对政府的腐败就更加敏感，就会更多地检索这方面的信息。这与左翔和李明（2016）的研究发现也很一致，他们发现在遭受环境污染侵权后，民众对政府认可度就会下降，进而更加渴望民主和司法。

意识到雾霾问题严重程度的人们，也意识到了对雾霾进行治理的重要性。当前，尽快治理好雾霾，已经成为中国上上下下、方方面面迫切要求的事情，在各级政府的日程中也越来越重要。李克强总理在 2014 年的政府工作报告中明确指出，"雾霾是大自然向粗放发展方式亮起的红灯，我们要像对贫困宣战一样，坚决向污染宣战"。而有效地治理雾霾，要求我们必须要对雾霾的形成机制，治理特征等有科学的认识。当前，雾霾问题已经引起了全社会各领域的广泛关注而成为一个热门的话题，不论自然科学领域还是社会科学领域，都纷纷将研究视角对准雾霾问题。本章主要从雾霾形成的经济学机制和中国政府治理的一个典型特征"动员式治理"等角度进行文献综述，以求为后面的实证研究，打好文献基础。

2.2
雾霾产生的经济学机制

雾霾作为一种自然天气现象，其产生原因不外乎自然和人为这两种因素。从气象学和地理学的角度进行分析，形成雾霾的自然因素主要包括空气温度、空气湿度、风速风向、降雨以及地形地貌等（郝明辉，2013；彭应登，2013）。而根据本书第三章的研究，雾霾还深受季节等因素的影响。但是，相比于自然上的因素，人类活动引起的人为因素才是雾霾形成的主要诱因。回首人类历史上曾经出现过的大规模空气污染事件，比如伦敦烟雾事件、洛杉矶雾霾事件等，皆是由于人类在快速工业化过程中对大自然毫无节制的破坏所致。从构成雾霾的主要污染成分来看，雾霾是由总悬浮颗粒物（PM10、PM2.5）、硫氧化物（SO_x）、氮氧化物（NO_x）组成的。研究表明，空气中的悬浮颗粒物主要来自煤炭的燃烧、汽车尾气的排放、农作物秸秆的燃烧、工业废气的排放，尤其是化工厂和电厂所产生的废气，以及城市施工建设所产生的烟尘粉尘（王乃宁等，2001），硫氧化物主要来自工业废气的排放（彭会清等，2003），氮氧化物主要来自化石燃料的燃烧过程，以及生产和使用硝酸的过程（任剑锋等，2003）。而且，顾为东（2014）的研究也认为中国雾霾扩散快等特征，跟中国的水土污染也有很大关系。

因此，讨论雾霾的来源和成因，以及对其进行有效地治理，这首先是一个经济学范畴的问题。在经济研究领域，经济学者很早就开展了对环境，包括空气污染和雾霾的研究。并提出了两个假说：环境库兹涅茨曲线（Environmental Kuznets Curve，EKC）（Grossman and Krueger，1991）和污染天堂假说（Pollution Haven Hypothesis，PHH）（Copeland and Taylor，2004）。类似于收入差距，EKC 假说认为，一国的环境污染也同该国的经济发展水平之间存在着"倒 U 型"的库兹涅茨曲线关系：在经济发展初期阶段，环境污染会随着人均收入的增长而随之增加，但是等经济水平发展到了一定的阶段，其环境污染非但不再增加，反而会随着人均收入的增长而逐渐下降，出现经济增长与环境保护的"双赢"（Grossman and Krueger，1995）。而 PHH 则认为企业为了避免在环境监管政策较严苛的国家产生高昂的环境成本时，便考虑将污染密集型产业转移到对环境管制相对较松的国家和地区进行生产活动，因此这些经济欠发达的地区便成为污染者的天堂。

基于这两个假说，包群和彭水军（2006）、蔡昉等（2008）、许广月和宋德勇（2010）、Cole 等（2011）等国内外众多学者纷纷将其研究视角投向了对经济增长与环境污染的研究，以及外商直接投资与环境污染的影响等一系列研究。然而对于这两个假说的正确与否，依然存在着争议，虽然大多研究都已证实了 EKC 假说（Dinda，2004；林伯强和蒋竺均，2009），但是针对中国的实证研究，却往往得不到 EKC 所谓倒"U"形的结论，特别是在空气污染上，甚至是完全相反的结论。例如，王敏和黄滢（2015）利用中国 112 个城市 2003～2010 年的大气污染浓度数据，发现各种大气污染浓度指标和经济发展都呈现出"U"形曲线关系，而不是倒"U"形曲线：随着经济发展水平的提高，空气污染仍然在继续恶化，这一点在邵帅等（2016）、马丽梅和张晓（2014）的研究中也得到了验证。对于 PHH 假说，也同时大量存在着证实（Keller and Levinson，2002；Fredriksson et al.，2003a，2003b）与证伪的实证研究（List et al.，2004；Wayne and Shadbegian，2002；Liang，2014），包群等（2010）则发现外商投资对东道国环境的影响是倒"U"形的。沈能（2014）、朱英明等（2012）、许和连和邓玉萍（2012）、马丽梅和张晓（2014）等诸多学者基于 PHH 假说对大气污染问题进行了研究，认为产业转移和工业集聚都会导致严重的大气污染问题[①]。

从更深层次角度来说，中国雾霾问题的出现和难以治理与中国当前的经济发展方式息息相关。改革开放以来，中国经济实现了突飞猛进的发展，经济水平常年保持着较高的增速，然而这些巨大成就却是建立在对资源和能源过度消耗的基础之上的，当前中国雾霾问题背后的根源在于经济长期粗放式发展这一不尽合理的经济发展模式。张军等（2009）、陈诗一（2012）、Chen 和 Amelia（2013a，2013b）、Chen（2014）等学者在其研究中均认为面对严重的环境问题，中国经济发展方式亟待转型。研究表明，中国硫氧化物的 90%，氮氧化物的 67%，以及烟尘的 70%，均来源于煤的燃烧（茹少峰和雷振宇，2014），因此当前这一以煤为主要燃料的能源消耗结构是造成雾霾问题如此严峻的主要原因。近年来无论是煤炭消耗总量还是消耗增速，中国均位居世界首位，目前中国煤炭消耗总量已超过全世界其他国家消耗量总和。中国国家统计局数据显示，在 2014 年中国能源

---

① 关于开放经济和环境污染更详细的综述，可参阅陆旸（2012）。

消耗总量中，煤炭消耗量占比高达66%，石油消耗占比17.1%，天然气消耗占比5.7%，一次电力及其他能源消耗只占比11.2%，此外，中国发电厂中接近80%仍然靠煤炭发电。自1978年以来中国煤炭消耗量占比始终高居不下，2006年起煤炭消耗量占比有小幅下降的趋势，但仍然占能源消耗最大比重。近年来，虽然中国天然气消耗量以及一次电力及其他能源消耗量占比有所上升，但占较大比重的仍是煤炭的消耗。

中国北方冬季烧煤供暖增加了对煤炭的需求量，其燃烧后排放到大气中的大量废气也是雾霾尤其是冬季雾霾的主要来源之一。煤炭在燃烧过程中易产生化学反应而产生大量PM2.5、PM10、硫氧化物、氮氧化物、烟尘、粉尘等致霾物质。除高能耗外，中国能源消耗利用率也偏低。2014年，中国单位GDP能耗约为0.67吨标准煤，远高于世界平均水平，中国高能耗行业的单位产品能耗高出国际水平10%~20%（茹少峰和雷振宇，2014），可见，中国能源利用效率偏低也是雾霾产生的帮凶。一批优秀经济学者对中国能源利用效率展开了较为深入研究和探索，如刘宇等（2013）采用全球动态能源和环境可计算一般均衡模型（GTAP-Dyn-E）预测了2010~2050年全球八大经济体（美国、欧盟、日本、澳大利亚和基础四国①）的二氧化碳排放，陈诗一（2010a，2010b）利用非参数DEA方法对中国近40个工业两位数行业的低碳可持续发展进行了研究（Chen and Amelia，2013b），虽然这类研究取得了较多较好的研究成果，但多是对污染物整体排放问题与经济发展方式转型的研究（Chen，2014；Chen，2015；Chen and Härdle，2014）。

此外，中国的产业结构一直以重工业占主导，这导致了中国工业废气的大量排放，废气中含有大量致霾物质，直接导致了中国雾霾天气的盛行。中国快速工业化进程实质上也是一个重工业化的进程，近十年来，建材、冶金、石油炼化、火力发电、化工和重型装备制造业一直占据中国工业部门的主导地位，且其占比有增无减。1949年新中国成立之初，中国轻工业占主导地位，占比高达73.6%，重工业仅占26.4%，此后，中国的重

①　"基础四国"（BASIC）具体是指：巴西（Brazil）、南非（South Africa）、印度（India）、中国（China）四国，其称呼来源于各国英文的首字母缩写，这也是继"金砖四国"以来又一个有趣的称谓。

工业占比逐年升高，至 2010 年，已高达 71.4%，而轻工业仅占 28.6%，并且重工业占比仍有升高的趋势。更为严重的是，由于受技术水平所限，中国工业废气中硫氧化物、氮氧化物的去除效率非常低，尤其是氮氧化物，黑色冶金、非金制造等高产氮行业的去除率均低于平均去除率水平，这更加加重了中国雾霾问题的严峻程度。

2.3

雾霾治理的政治经济学机制

雾霾问题的经济学机制背后，其实也是一个政治经济学范畴的问题。根据 EKC 的理论，之所以产生经济发展达到一定水平之后，环境污染会得到改善，是因为对环保有了更多的投入，或者低端的污染产业被转移，等等。但如果某些深层次，甚至体制性原因阻碍了这种投入和转移，那么经济发展水平的提高，就不一定会带来环境的改善，甚至是环境的继续恶化。所以说，环境问题的经济学机制背后其实也是一个政治经济学范畴的问题。

而且，中国当前的行政管理体制也决定了地方政府在雾霾问题上扮演着十分重要的角色。中国雾霾问题的多发区域，也是中国经济最发达的地区，这不得不引发众多学者对于地方政府与大气环境问题之间关联的思考和关注。在中国，地方政府负责实施和监管由中央政府所制订的环境保护政策以及资金，因而扮演着中央政府与企业之间"中间人"的角色，因此，对地方政府行为的考察是研究雾霾问题的一个重要切入点（Fredriksson et al.，2003；Deng et al.，2012；李国平和张文彬，2013）。此外，本研究关注的焦点问题是近年来中国空气污染治理中的一个重要现象——"动员式治理"和"雾霾的临时性改善"，因此，既然是考察这种临时性的、由政治性事件引发的蓝天，那必然首先要梳理清楚这一现象的主导者——地方政府和官员在雾霾治理上的激励问题。因此本节下面就重点对国内外关于地方政府和官员的行为与环境污染治理问题的相关研究进行综述。

2.3.1　官员考核机制与雾霾治理

考察政府在治理雾霾中面临的激励，首先是考察政府官员在治理雾霾中面临的激励。作为政治参与者，地方政府官员有非常强的激励去争取政治上的晋升，尤其是在中国，一旦离开政治市场，他们便难以再找到其他的政治升迁机会，因此地方政府官员是面临着锁定效应（lock-in）的，他们就只好去争取最大的努力以寻求晋升的机会（周黎安，2004，2007）。而改革开放四十年以来，中央政府始终致力于紧抓社会经济建设，强调"发展是硬道理"。其对地方政府官员的晋升标准逐渐由过去的以政治表现为主转变成为越来越以经济绩效为主，最终形成了至今仍在盛行的以 GDP 论英雄的政绩观，而在这种政绩观下，为了获得政治上晋升的利益，地方官员便致力于促进辖区的经济增长（Li and Zhou，2005）。对于地方政府官员争相寻求的这种政治上的晋升激励，周黎安（2004，2007）在研究中将其概括为"晋升锦标赛"；张军和高远（2007）将其概括为"为增长而竞争"；王贤彬和徐现祥（2008）将其概括为"经济增长市场论"。实质上，这三种概述的内在逻辑是非常一致的。地方政府官员往往是由最低的行政职位开始，为经济增长而竞争，经过一步一步竞争而被提拔，从而进入这个典型的淘汰赛制下的锦标赛模式，并且优胜者凭借的不是绝对表现，而是相对表现（周黎安，2007）。与一般锦标赛的要求一样，地方政府官员必须在本轮比赛中获胜才有资格进入下一轮的竞赛中。这样的赛制要求其实给地方政府官员施加了非常大的竞争压力，从而逐渐地形成了一种强激励。地方官员为了在政治晋升锦标赛中处于有利地位，至少不被淘汰，会采取各种手段同其他地区之间展开竞争，压低环境质量，以确保经济增长，就是其中的手段之一（周黎安，2007；Jia，2012；Wu et al.，2014）。例如，于文超和何勤英（2013）的研究就发现当地方的经济增长绩效较差时，当地的环境污染事故就会更加频发，而且这种关系在中国沿海地区表现更为明显。地方政府官员从自身利益出发，例如，为了得到仕途的晋升机会，有激励忽略或放松对环境污染的监管，而将更多的精力投入促进经济增长，例如更多的基础设施投资，而不是环境治理投资（Wu et al.，2014）。Jia（2012）认为在官员考核体制更注重经济增长，而不是环境保护的情况下，为了提高晋升的可能性，地方政府会牺牲掉环境，在这一逻辑下，那些和领导关系更紧密，晋升可能性更高的官员，会更多地投资更容易拉动 GDP 增长的产业，而这些产业往往都会带来较高的污染，同时也消耗掉较高能源。这一点在徐现祥和李书娟（2015）的实证分析中，也得到了验证，他们发现一个地区走出去的官员越多，当地的环境污染就会越严重。

不过，伴随着中国经济发展水平不断提高，中国民众的环保意识也逐渐提高，同时对政府加强环保工作也提出了越来越高的期待和要求。而政府也确实越来越强调环境保护工作，特别是中央政府，提出了诸如科学发展观、生态文明建设等发展理念（郑思齐等，2013）。同时中央政府也越来越将节能减排作为地方政府和官员考核的重要依据，例如，国务院于2005 年 12 月下发《关于落实科学发展观加强环境保护的决定》，首次明确将环保工作纳入地方官员的政绩考核体系中，将环保绩效也作为对地方官员选拔奖惩的重要依据之一。2013 年 9 月国务院印发的《大气污染防治行动计划》也明确提出，2017 年中国地级及以上城市 PM10 浓度应比 2012年下降 10%，优良天数逐年提高。Zheng 等（2014）发现在中央和公众对地方政府加强环境保护的要求和期待下，节能减排已经和经济增长一样，成为影响地方官员晋升的考核依据。Liang 和 Langbein（2015）的研究则发现，如果环境绩效考核目标明确，责任到位，且污染物民众可见度高，污染治理效果就会很好，如大气污染；而如果可见度低，虽然纳入环境保护考核，污染治理效果也不会很好，如水污染；未纳入环境保护考核的污染指标，更是完全不被重视。黎文靖和郑曼妮（2016）基于中国地级市空气质量指数和地级市层面统计数据，研究发现空气质量影响到了官员的晋升概率，而且当空气污染治理压力大时，迫于环保压力，各地会减少固定资产的投资，而相应地增加环境污染治理的投资。

2.3.2 财政分权与雾霾治理

作为激励地方政府的一种工具，财政分权制度也会影响企业的污染物排放，从而影响地方环境污染，对雾霾问题产生影响。"用脚投票"理论认为人们可以根据自己的偏好自由选择使自己效用最大化的地区生活，从而完成整个社会的资源优化配置（Tiebout，1956）。根据这一理论，地方政府就有激励通过提供更好的公共服务来吸引居民，从而地方政府之间就存在着高度竞争的关系，但政府官员可能会从自身利益出发为居民提供公务服务，结果往往是政府向地方企业寻租，最终造成环境恶化。中国自1985年采取"分权让利"的财政管理体制开始，正式走上了财政分权改革的道路。1994年中国开始实施分税制改革，进一步确认了财政分权的管理体制。Qian和Xu（1993）在研究中证实了中国的财政分权制度使得地方政府和官员有激励去追寻辖区内税收的最大化。此外，Rodden（2002），以及杨其静和聂辉华（2008）的研究均表明虽然财政分权制度有利于缩短地方政府与社会之间的信息距离，但同时也带来了拉大政府间信息距离的弊端，这就大大增加了中央政府对地方政府和官员的监督难度。若中央政府的监管不到位，久而久之，地方政府和官员便会拥有过多自主权，为追求自身利益，地方政府和官员难免会发生"搭便车"，甚至过度"放牧"的举动，造成环境污染物的竞争性排放等问题。

不少文献也从财政分权的角度对环境污染问题进行了研究。例如张克中等（2011）、薛钢等（2012）的研究表明，一个地区的财政分权程度往往与环境污染程度高度正相关。当然，财政分权并不是影响环境污染的唯一因素，潘孝珍（2009）的研究发现，在中国一个地区财政分权程度越高，该地区的污染水平也越高。然而在北京、上海等直辖市地区并不是这样，这些地区的财政分权程度要远远高于其他省份和地区的，但其环境污染水平却没有远远高于其他地区。一方面，地方政府通过改变财政支出结构可以影响当地的环境污染程度，而另一方面，该地区的环境污染程度也会反方向影响地方政府对环保的投入，即所谓的政府在环保事业上面的投入对当地环境污染的"逆调节"机制。通过对环保模范城市进行断点回归，席鹏辉和梁若冰（2015）研究发现，空气污染程度较低的地区，其政府的环保支出比重将会下降，而在空气污染程度较高的地区，其政府的环保支出比重却没有增加的趋势，说明各省份对于空气污染的治理问题存在着异质性，从而证实了地方政府的财政分权对当地的空气污染是存在影响的。

财政分权对当地环境质量影响的另外一种机制还表现在省级边界地区的污染问题上，也有一些研究对这种机制进行了一些探讨。这些研究更多关注美国等发达国家是否存在财政分权制度下的搭便车行为，而这种搭便车的行为往往会导致边界污染问题。而在中国，这一类研究，尤其是研究边界雾霾问题的文章则较为鲜见。大量研究表明，在美国和加拿大边界上，废水污染和废气污染均较为严重（Cai et al.，2012；Duvivier and Xiong，2013；Gray and Shadbegian，2004；Helland and Whitford，2003；Kahn，2004；Sigman 2002；Sigman，2005）。另外，在美国内部不同洲际之间也存在着污染的边界现象（Kahn，2004；Kahn et al.，2013），边界处的污染物排放量更多，水质更差（Sigman，2005），并且在洲际边界处的居民癌症死亡率也更高（Sigman，2002）。在中国，"十一五"环境规制改革之前，中央政府没有明确规定出各省份对跨省域环境治理的职责，因此地方政府从当地经济发展的利益出发，可能会降低省级边界处的环境规制制度，从而加重边界地区的环境污染（李静等，2015）。林立国和孙韦（2014）发现地方政府的财政分权制度对省级边界处的环境质量有影响，因而可以通过对地方政府边界环境质量考核的机制设计，缓解边界处的环境污染问题。

2.3.3　央地关系与雾霾治理

中央政府跟地方政府之间的关系也是影响环境污染问题的一个重要因素。虽然中央政府制定了大量的遏制环境污染的法规条例，但正如前面曾阐述过的逻辑，大力治理环境污染却不一定符合地方政府官员的利益。因此，为了制衡、监督地方政府，中央政府加大了环保法规建设和环保管理体制改革。再加上加强环保法规的权威性是环保工作有效性的前提（包群等，2013；李树和陈刚，2013），因此最近几年中央加快了环保法规的修订进度，环保法规的权威性也有了大幅提高[①]。Zheng 等（2014）发现，在中央和公众对地方政府加强环境保护的要求和期待下，节能减排已经和经济增长一样，成为影响地方官员晋升的考核依据。黎文靖和郑曼妮（2016）基于中国地级市空气质量指数和地级市层面统计数据，研究发现空气质量影响到了官员的晋升概率，而且当空气治理压力大时，迫于环保

---

① 新修订的《环保法》和《大气污染防治法》分别于 2015 年 1 月 1 日和 2016 年 1 月 1 日起开始施行。

的压力，各地会减少固定资产的投资，而相应地增加环境污染治理的投资。而且中央政府也越来越强调环保部门的权威，特别是上级环保部门对下级政府的监督制衡。"一票否决""党政同责""一岗双责"等环保制度的出台，使得 2008 年才由环保总局升格的环保部的发言权越来越强。

　　就环保法规和污染治理目标制定而言，中国的中央政府拥有很高的权威（Gilley，2012），但实际上中国的环保工作是属地化管理的，各级环保部门主要对本级党政领导负责，导致上级环保工作的目标和政策，都必须依赖于下级政府，进而有可能被曲解和漠视（Lo，2015；练宏，2016）。席鹏辉（2017）对纳税大户的研究表明，地区污染密集型企业中纳税大户占比越大，地区污染增长越快，呼吁未来环境治理应加快推进深化环保垂直管理体制改革，完善中央环保督察制度。"十三五"规划纲要提出要"实行省以下环保机构的监测和监察执法的垂直管理制度"。但是对于综合性环保工作，无论是最新修订的环保法规，还是"十三五"规划纲要，都提出要"切实落实地方政府环境责任"，这可能是因为环保是一个综合性工作，需要各部门的配合，很难与地方政府承担的其他任务分隔开（杜万平，2006；尹振东，2011；祁毓等，2014）。在这种情况下，"十三五"规划纲要中提出要"开展环保督察巡视"，这是对目前环境管理体制基本格局未能改变情况下，对环境污染属地化治理的一种"矫正"。而中央（上级）环保部门直接约谈地方（下级）党政领导，也是这种"督察巡视"方法的重要体现，因此评估环保约谈政策实施对空气污染治理的效果，对改革和完善中国环境管理体制，积累环保督察巡视经验，有着重要现实意义。目前，虽然有一些文献总结了环保约谈的实践，但一般是从法规完善，如王利（2014）；或个案总结，葛察忠等（2015）等对环保约谈的污染治理效果尚缺乏严格的实证分析。

2.3.4　政企合谋与雾霾治理

　　政企合谋往往也是严峻的环境污染问题的一个原因。正如前所述，当经济体致力于经济增长时，一个地方和上层政治圈关系越紧密，越会导致环境污染，那么同样的逻辑自然也适用于政商关系上，如果官员考核机制注重于经济增长，那么地方官员必然有很强的激励，与当地企业进行环境污染上的"合谋"：地方官员放任和纵容当地企业污染环境，而当地企业则向其贡献经济增长和财政税收，当然还有纯粹的腐败，毕竟与当地企业合谋带来经济增长和税收增长更加直接。虽然在中央和公众对地方政府加强环境保护的要求和期待下，节能减排已经和经济增长一样，成为影响地方官员晋升的考核依据（Zheng et al.，2014），甚至通过空气质量数据造假来粉饰政绩（Andrews，2008；Chen et al.，2012；Ghanem and Zhang，2014）。但是环境污染作为一个负外部性的公共产品，在这种自上而下的考核机制下，地方政府在环境保护上的激励必然存在不足。在分权管理体制下，地方政府处于各类安全生产、环境管理的第一线，相比中央政府，地方政府更可能被当地企业和精英"利益捕获"，形成政企合谋（Jia and Nie，2015）。作为中国经济的高增长与高事故并存的一个重要解释（聂辉华和李金波，2006；Nie and Li，2013），现有文献对政企合谋进行了众多探讨。例如，政企合谋会导致矿难事故高发（Nie et al.，2013；Jia and Nie，2015）、房价高企（聂辉华和李翘楚，2013）、土地违法（张莉等，2011，2013）、企业逃税（范子英和田彬彬，2016）等。龙硕和胡军（2014）的理论和实证结果也发现在中央和地方信息不对称的情形下，地方政府和企业就容易形成合谋，进而加剧环境污染；梁平汉和高楠（2014）的研究也认为政企合谋是造成中国环境污染问题严峻的重要诱因。

　　一些文献用地方主要官员是否来源于本地来度量当地的政企合谋程度（Nie and Li，2013；张莉等，2011，2013；范子英和田彬彬，2016），其逻辑即为官员在某地的长期任职会导致政企合谋恶化。如果地方政府的人事官员等处于较为稳定的状态，那么当地的企业就有更强烈的意愿，去贿赂政府官员，以寻求偏袒和保护，或者对其不合理的行为予以默认，其结果便是导致了更多的腐败（Davin et al.，2009），而新上任的官员就容易破解地方存在的"人际关系网"，从而有效降低腐败和政企合谋的现象，但是随着时间的推进，新任官员往往也会跟当地企业建立起新的人际关系网，从而使得政企合谋现象再次呈现出上升的趋势。这一关系在中国也得到了验证，陈刚和李树（2012）对中国官员任期和腐败的研究中就发现这二者呈"U"形关系。在中国，地方政府官员的稳定性与其领导的变更是紧密相连的。这种地方官员交流制度和官员所面临的政治晋升激励,对中国的地方经济增长产生了重大影响(王贤彬等,2009;张军和高远,2007;范子英和田彬彬,2016)。官员更替和交流破解了官员长期任职形成的"人情关系网",从而减少了腐败、提高地方政府治理效率。在环境污染领域,梁平汉和高楠(2014)研究发现官员更替会打破旧的合谋关系,从而有助于水污染的治理。在本书的第 6 章,也将以地方主要官员的更替为切入点,讨论雾霾的政企合谋根源。

另外,一些学者还重点研究地方政府的策略博弈对环境问题的影响,如杨海生等(2008)、李猛(2009)、张征宇和朱平芳(2010)等。其中,有人研究具体政策对中国空气污染的影响程度。例如,曹静等(2014)对 2008 年北京奥运会期间中国实行的车辆尾号限行政策和奥运会结束之后,这一尾号限行政策对空气污染物浓度以及空气污染指数的影响研究,结果表明中国采取的尾号限行政策对北京空气质量的影响甚微。而 Viard 和 Fu (2015)也做了类似的研究,但却得出了相反的结论,他们的研究发现北京实行的尾号限行政策对空气污染有一定成效,每限行一天,空气污染会降低21%,另外,尾号限行政策还会降低无固定工作时间的劳动力的工作,而对固定工作时间的劳动力则并无影响。除此之外,还有学者致力于研究环境效率,这类研究大多是对 SBM 模型(slack based model,SBM)进行一定扩展或改进,以测算制度层面上的约束等对中国各地区环境治理效率的影响,例如,王兵等(2010)使用 SBM 方向距离函数对中国 1998~2007 年在省级层面上的环境效率、环境全要素生产率进行了实证研究;陈诗一(2011)基于改进的 SBM 方法,对中国各省区的低碳经济转型进程进行了分析。韩晶等(2014)的研究结果表明,中国制度软约束对该地区大气污染治理效率具有正效应,而公众认同则具有负效应。公众意愿对环境质量状况的影响也越来越引起研究者的注意,Owen 和 Videras (2007)的实证研究表明,由宗教信仰而形成的文化认同对地区环境质量有重要的影响,另外,Lee(2011)的研究表明青少年的道德和价值观念对于该地区的环境质量也有着正向的影响。

当前,针对雾霾问题的政治经济学研究依然十分稀缺,而雾霾问题却是影响中国经济发展转型期中亟待解决的难题,更是全国民众最为关切的重要民生问题。研究学者们对中国雾霾问题的研究取得了卓有成效的见解，但仍有必须继续深入政府制度以及政策层面上进行更多探讨（王金南等，2012；柴发合等，2013）。为此，本书借鉴以往政府行为对环境污染影响的研究文献，试图将雾霾问题的研究视角延伸到行政干预层面上，从理论和实证上找到雾霾问题的政治经济学根源，从而为解决中国当前十分严峻的雾霾问题做出应有的贡献。

2.4
"动员式治理" 研究综述

2.4.1　"动员式治理" 的界定

"动员"，原本为军事用语，毛泽东选集中将其定义为一种紧急情况下采取的一种军事行动①。随后，"动员"一词在生活中和学术界被广泛使用，逐渐演变出了其经济学范畴、社会学范畴、政治学范畴的含义。所谓的"动员"，有三层含义：第一，流动，即动员强调了个体以及社会阶层之间"流动性"的增强；第二，集中，即动员强调了人力、物力，以及财力的集中；第三，发动、鼓动，即动员强调动员主体发动、鼓动、影响或促成客体有所行动（汪卫华，2014）。

"治理"一词则更多出现在社会学研究领域中，在这一研究领域中，"治理"有着其独特的含义，1995 年，联合国全球治理委员会将其界定为个人以及机构管理其共同事物的方式总和（格里·斯托克和华夏风，1999）。在这种界定下，"治理"即意味着来自政府但又不限于政府的社会公共机构，对于某些社会问题提出的一套解决方案，是一种协调、参与和磋商的过程。国内学者将"治理"的概念引入国内，开展对于"治理"的学术讨论，在中国社会的快速发展和转型时期，是非常热烈的，比如孙立

---

①　原文的定义为："战时或国家发生其他紧急情况时，组织武装部队积极从事军事行动。就其范围来说，指组织一国的全部资源支援军事行动"。参见 1991 年人民出版社出版的毛泽东选集（第四卷）第 1298 页（毛泽东选集，1991）。

平（1999）、康晓光（1999）等学者的研究。

"动员式治理"则是指对某些严重的、临时性的问题进行"集中整治"。"动员式治理"的核心思想是统一的，只不过采取的形式较为多样化，这种治理方式已经被广泛使用在方方面面的问题上。冯志峰（2007）将"动员式治理"定义为：统治集团凭借政治权力以及行政执法职能，对某些突发性事件或国内重大的社会疑难问题进行专项治理的一种重点治理过程。也有人将之称为"运动式治理"，如朱晓燕（2005）、毛寿龙（2007）、唐皇凤（2007）等人，其表达的含义是完全一样的，下文将不再特别将二者进行区分，而是统一以"动员式治理"来进行综述和行文。在国内，"动员式治理"的研究仍较为稀少，总结前人研究，其特点是"动员式治理"中动员的主体和客体均为行政组织，动员的对象则是各种社会问题，如"严打""集中整治"以及"环境治理"等（张虎祥，2006）。这种治理方式属于行政动员的范畴，且组织力量强，动员过程迅速，因而通常被用在应对各种"棘手"问题或遗留问题上。具体说来，冯志峰（2007）将"动员式治理"的特征总结为10个方面：（1）治理主体的权威性；（2）治理客体的特定性；（3）治理方式的运动性；（4）治理时间的短期性；（5）治理目标的预定性；（6）治理结果的反弹性；（7）治理手段的强制性；（8）治理成本的虚高性；（9）治理效率的高效性；（10）治理过程的模式性。

纵观历史，中国一直有着深厚的动员传统，新中国成立以来，"动员式治理"被广泛使用在经济发展过程中，仅1949～1976年，全国性的社会运动就多于70次（周晓虹，2005）。改革开放之后，动员的方式由传统的大规模群众动员逐渐转变为小规模的更具针对性的解决"棘手"社会问题的一种治理方式，即前面所谓的政府部门的"动员式治理"（张虎祥，2006）。"动员式治理"在中国具有较长的实践历史，它是中国共产党在革命战争年代形成的一种重要政治手段。

需要指出的是，本书中所涉及的"动员式治理"有别于社会学或政治学中对"动员式治理"的界定，"动员式治理"在本书中特指在环境治理中，所采取的一种大力度、集中整治的非常规治理方式。关于"动员""治理"以及"动员式治理"的研究，目前为止国内外的研究多集中在社会学的研究范畴，通过个案分析的研究方法对"动员式治理"的现象以及逻辑进行分析（陈楚杰，2009；张虎祥，2006），而从经济学的角度，通过严格的计量分析对"动员式治理"进行分析的研究，则几乎没有被过多涉及，鉴于此，作为严肃的经济学研究，本书在此不做过多的综述和阐述。本书借用社会学研究范畴中的"动员式治理"一词，阐述和研究在雾霾治理中出现的"动员式治理"现象，并从经济学的研究视角对这种"动员式治理"的治霾效果以及这种效果的可持续性情况进行深入分析和评述。

2.4.2 "动员式治理"研究范式

虽然关于"动员式治理"目前已经有一些研究，但针对空气污染治理问题中的"动员式治理"的研究，却少之又少，可谓是凤毛麟角，即便在国内空气污染治理问题中，地方政府部门采取"动员式治理"的治理方式已经普遍存在。此外，当前国内外对于"动员式治理"的研究大多集中在社会学、公共管理学等领域的范畴，研究方法也多为对某个具体的案例进行分析。比如毛寿龙（2007）就从"动员式治理"的角度，以山西和无锡的个案为例，对环保领域中的"动员式治理"进行了分析。

可以将当前的研究按照其研究案例的时间划分为两类研究，一类研究是研究新中国成立初期党和国家政府在治理社会问题和经济问题时所采取的一系列"动员式治理"进行案例分析，例如，李里峰（2010）从政治学分析的角度，以土地改革运动为具体的案例，分析了"土改"这一场典型的"动员式治理"模式，其研究发现这种"动员式治理"难以被纳入社会治理的常规化轨道中，并且形成了难以消解的矛盾；另一类研究则是将近些年来社会上正在发生的公共事务问题作为研究案例，分析政府部门对其进行的某些"动员式治理"，例如，赵华军（2007）以某市的整治"黑车"行动作为案例，从执法角度分析这一典型的"动员式治理"的弊端。再如社会治安治理中的"严打"政策（唐皇凤，2007）、劣质奶粉事件（朱晓燕，2005）、动员式"招商引资"（乔太平，2007）等这些社会问题，都引起了学者的注意，并将其作为"动员式治理"的个案，分别对其进行了深入的分析。

在个案分析的基础上,研究者们常常会就"动员式治理"的利弊进行分析,对于"动员式治理"模式,既有对其治理效果持否定态度的研究者,也有对其持有保留甚至肯定意见的研究者。例如,乔太平(2007)在分析某地动员式招商引资问题时,发现动员式招商引资给当地经济发展带来了固定资产增长过快的资源浪费、重复建设的产业同构、环境污染破坏生态等诸多不利影响。赵华军(2007)在分析动员式执法时,得出的结论是动员式执法带来了降低政府执法机关威信、违背法治精神、忽视执法公正性、助长违法者投机心理以及增加执法成本等诸多弊端。对"动员式治理"持保留意见的学者则认为,"动员式治理"并不是百害而无一利的,如在分析"严打"政策这一"动员式治理"时,唐皇凤(2007)的研究表明在当前国家法治资源不甚完善、国家权力基础设施不够发达的情况下,"动员式治理"仍应继续保留,以发挥其还不错的治理效果。而唐贤兴(2009)的研究则认为在当前中国的大环境下,"动员式治理"对于解决治理问题,尤其是较为"棘手"的问题,具有一定的效果,不失为一种有效的治理方式。

除以个案作为案例分析"动员式治理"的研究,以及对"动员式治理"利弊进行评述的研究外,还有一些学者致力于探究"动员式治理"产生和存在的缘由。黄科(2013)将"动员式治理"的缘由划分为标的群体、治理领域以及目标取向这三个维度,并以此构建出了其产生和存在的八个原因,分别为:官僚政治意识论、官僚行政意识论、群众政治意识论、群众行政意识论、官僚政治行为论、官僚行政行为论、群众政治行为论、群众行政行为论等。鉴于其研究视角更多属于社会学的研究内容,本书在此处不做过多综述。

虽然当前针对"动员式治理"的研究已经涉及公共事务的各个领域,但对于环境污染,乃至于雾霾问题的研究却几乎没有涉及。此外,以上综述中可以看到,当前针对"动员式治理"的研究仍较为初级,研究方法较为单一,即针对某个案进行定性分析,评说"动员式治理"的利弊。因此,本研究尝试从经济学的角度,使用计量分析的研究方法,分析当前中国地方政府在雾霾治理中普遍存在的"动员式治理",并对其治理效果进行定量分析。

2.5

结语

在本章，笔者综述了针对当前炙手可热的雾霾问题，国内外学者已经进行的相关研究，尤其是对导致雾霾的经济学机制，治理雾霾的政治经济学机制，以及各研究领域对"动员式治理"的相关研究，包括对"动员式治理"的界定和对"动员式治理"的研究范式进行了较为详尽的综述。

而且，对于"动员式治理"的研究，虽然在社会学等领域已经有很多，但从经济学的研究视角来看，这一类只对个案进行定性分析的研究，显然过于单一，且这些研究个案很少涉及雾霾问题这一如今被广泛重视的热点公共事务问题。因此，本书借用社会学研究范畴中的"动员式治理"一词，阐述和研究在雾霾治理中出现的"动员式治理"现象，并从经济学研究视角，采用严格的计量分析方法，分析当前中国地方政府在雾霾治理中普遍存在的"动员式治理"，并对其治理效果进行定量分析，从而为解决中国当前十分严峻的雾霾问题，提供一些参考。

第3章

雾霾的定义、度量及现状

3.1

雾霾的定义

"雾霾"这一专业化程度很高的词语首次进入公众视野而引发广泛关注是在 2010 年 11 月以及 2011 年 12 月，美国驻北京大使馆在其官方微博上两次发布其所处区域的 PM2.5 监测数据爆表事件。随后，中国开始在全国重点城市逐步设立了 PM2.5 监测站点，从此，雾霾问题便受到了公众的广泛关注。进入 2013 年，中国雾霾形势依然严峻，雾霾问题引起了公众前所未有的关注，"雾霾"一词更是成为当年的年度关键词，一时间，广大公众对全国的空气质量感到忧心忡忡。

雾霾，即雾与霾之统称，其中雾为大家所熟知的一种气象，只影响能见度以及视觉效果，于人体健康基本无害；而霾则是指各种排放源产生的气体和颗粒物等污染物，如硫酸、硝酸等颗粒物所组成的气溶胶系统，这一系统会导致能见度低，形成视觉障碍，由于霾中的组成成分多是有毒有害物质，因此霾这种气象对人类健康的危害十分严重。大量研究表明，造成雾霾天气的"元凶"为大气中的各种颗粒污染物。颗粒物的英文缩写为 PM（particulate matter），其中 PM2.5 就是直径小于等于 2.5 微米的污染物颗粒，在中国被称作细颗粒物，也可被称为可入肺颗粒物。PM2.5 既是一种污染物，又是其他有毒有害物质，如重金属、多环芳烃等的载体，其对人类健康和空气质量的危害都十分巨大。虽然 PM2.5 这种细颗粒物直径非常之小，但是其对大气能见度的影响却是非常大。除 PM2.5 外，另一种常见的颗粒物是 PM10，类似地，其直径小于等于 10 微米，在中国也被称作可吸入颗粒物。这种颗粒物粒径较大，颜色较黑，因而可以被肉眼所见，从而相较于 PM2.5，PM10 更早地为人们所熟知和观测。烟尘等即为 PM10 的范畴。

从构成雾霾的组成成分上来讲，除 PM2.5、PM10 等颗粒物外，雾霾组成成分还有大量其他空气污染物质，其中占比较大、影响较深的是硫氧化物、氮氧化物、一氧化碳以及臭氧等。随着工业化和城市化的快速发展，环境问题、空气质量问题愈发引起人们的重视，大气中常规的空气污染物质如二氧化硫、二氧化碳、一氧化碳、臭氧等物质并没有消失，他们仍然是造成空气质量恶化的主要因素之一，尤其是在工业、经济水平等飞速发展中的发展中国家。

空气污染，又称为大气污染，按照国际标准化组织（ISO）的定义，空气污染通常是指：由于人类活动或自然过程引起某些物质进入大气中，呈现出足够的浓度，达到足够的时间，并因此危害了人类的舒适、健康和福利或环境的现象。因此，可以说一切污染大气的污染物都可以算作空气污染物，都会导致空气污染。当然，考虑到学术研究的限制，也不可能研究所有空气污染物，所以对空气污染的讨论，一般也限于占比较大、影响较深的污染物，主要包括 PM2.5、PM10 等颗粒物、硫氧化物、氮氧化物、一氧化碳以及臭氧等。因而雾霾与空气污染这二者之间的差别并不大。因此，本书对于"雾霾"和"空气污染"这二者的表述，基本上是等同的。

但通俗来讲，人们在提到"雾霾"时，确实有时候主要强调颗粒物（PM2.5、PM10）的问题，而淡化氮氧化物和硫氧化物在雾霾成分中的地位，这也许与 PM2.5 相对于其他构成雾霾的大气污染物来说，具有更强的危害性有关。在本书的主体实证分析中，第 4 章和第 5 章主要分析 PM2.5、PM10 等，顺带分析其他空气污染物，因而本书在这两个章节中更多使用"雾霾"这一表述；但在本书第 6 章的实证分析中，则主要是考察政企合谋对 SO_2 和 CO 的影响，而对于颗粒物（PM2.5、PM10）等则主要是作为对照组，因此在第 6 章大部分是使用"空气污染"这一表述。

3.2

雾霾的度量

3.2.1 空气污染指数

空气中存在很多污染物,但无论是从政府管理的角度,还是人们认知的角度,往往习惯用一个指标来概括整个空气污染状况,这就出现了相关空气污染指数和空气质量指数等指标。2012 年之前,中国一直采用空气污染指数(air pollution index,API)来度量大气中的空气质量状况。API 是将大气中多种空气污染物浓度的数值进行标准化,从而成为一种度量空气质量好坏程度的指数。API 数值越大,表明空气质量状况越差、空气污染越严重。合成 API 的三项单项污染物分别是二氧化硫(SO_2)、氮氧化物(主要以 NO_2 表征)以及总悬浮颗粒物(这里主要是指 PM10)。参照当时的《环境空气质量标准》(GB 3095 – 1996)(现已作废),中国环境监测总站每天发布一次 API 数据。具体而言,每日 API 数据计算方法为:第一,计算该城市所有监测站每日三类单项污染物的日平均浓度。第二,当单项污染物 I 的浓度 $C_{i,j} \leqslant C_i \leqslant C_{i,j+1}$ 时,单项污染物 I 的日度分指数由式(3 – 1)进行计算:

$$IAPI_i = \frac{(C_i - C_{i,j})(I_{i,j+1} - I_{i,j})}{C_{i,j+1} - C_{i,j}} + IAPI_{i,j} \qquad (3-1)$$

其中,$IAPI_i$ 即大气中单项污染物 I 的浓度下的空气污染分指数,C_i 为 I 的浓度值,$C_{i,j+1}$ 和 $C_{i,j}$ 分别为与 C_i 相近的污染物浓度限值的高位值和低位值,$I_{i,j+1}$ 和 $I_{i,j}$ 则分别代表与 $C_{i,j+1}$ 和 $C_{i,j}$ 相对应的空气污染分指数,其级别及对应的单项污染物浓度限值如表 3 – 1 所示。第三,日度空气污染指数 API 是三个空气污染分指数的最大值,按照式(3 – 2)进行计算:

$$API = \max\{IAPI_{PM10}, IAPI_{SO_2}, IAPI_{NO_2}\} \qquad (3-2)$$

根据该计算方法,API 取值范围为 0 ~ 500,数值越大,代表空气污染程度越严重。根据 API 的数值大小，空气污染程度被分七个等级：优（0～50）、良（51～100）、轻微污染（101～150）、轻度污染（151～200）、中度污染（201～250）、中度重污染（251～300）和重污染（301～500）。

表 3－1　　IAPI 及其对应的污染物浓度限值　　单位：μg/m³

空气污染分指数（IAPI）	污染物浓度（μg/m³）		
	PM10（日均值）	SO_2（日均值）	NO_2（日均值）
50	50	50	80
100	150	150	120
200	350	800	280
300	420	1 600	565
400	500	2 100	750
500	600	2 620	940

资料来源：环境保护部：《环境空气质量标准》（GB 3095－1996）（修改单），2000 年 1 月 6 日。

表 3－2　　API 范围及相应的空气质量类别

<table>
<tr><th>空气污染指数 API</th><th>空气质量状况</th><th>对健康的影响</th><th>建议采取的措施</th></tr>
<tr><td>0～50</td><td>优</td><td colspan="2" rowspan="2">可正常活动</td></tr>
<tr><td>51～100</td><td>良</td></tr>
<tr><td>101～150</td><td>轻微污染</td><td rowspan="2">易感人群症状有轻度加剧，健康人群出现刺激症状</td><td rowspan="2">心脏病和呼吸系统疾病患者应减少体力消耗和户外活动</td></tr>
<tr><td>151～200</td><td>轻度污染</td></tr>
<tr><td>201～250</td><td>中度污染</td><td rowspan="2">心脏病和肺病患者症状显著加剧，运动耐受力降低，健康人群中普遍出现症状</td><td rowspan="2">老年人和心脏病、肺病患者应在停留在室内，并减少体力活动</td></tr>
<tr><td>251～300</td><td>中度重污染</td></tr>
<tr><td>300～500</td><td>重污染</td><td>健康人运动耐受力降低，有明显强烈症状，提前出现某些疾病</td><td>老年人和病人应当留在室内，避免体力消耗，一般人群应避免户外活动</td></tr>
</table>

资料来源：环境保护部：《环境空气质量标准》（GB 3095－1996）（修改单），2000 年 1 月 6 日。

3.2.2 空气质量指数

2012 年，环保部通过了新修订的《环境空气质量标准》（GB3095 – 2012），和《环境空气质量指数（AQI）技术规定（试行）》（HJ633 – 2012）。相对于之前的 API，现行的空气质量指数（air quality index，AQI）主要改变在于：第一，新增细颗粒物（PM2.5）和臭氧（O_3）等几个单项污染物数据；第二，报告的频率由每天增加到了每小时。在新的标准下，各城市需要向环境保护部下属的中国环境监测总站报告该城市各个监测站每小时的六类单项污染物数据，然后再由中国环境监测总站在其官方网站上向公众公布。

与 API 一样，日度 AQI 指数数据也是根据各单项污染物浓度的指数数据标准化计算而来，以代表各个城市每日的空气质量。具体而言，每日 AQI 数据计算方法为：第一，计算该城市所有监测站 24 小时六类单项污染物的平均浓度。第二，每日单项污染物 P 的空气质量分指数按照式（3 – 3）计算：

$$IAQI_p = \frac{IAQI_u - IAQI_l}{BP_u - BP_l}(C_p - BP_l) + IAQI_l \qquad (3-3)$$

其中，BP_u 和 BP_l 分别是单项污染物浓度 C_p 相近的浓度限值的高位值和低位值[①]，$IAQI_u$ 和 $IAQI_l$ 则分别代表与 BP_u 和 BP_l 相对应的分指数，各级别和浓度限值如表 3 – 3 所示。第三，日度 AQI 是六个分指数的最大值，计算公式如（3 – 4）所示。

$$AQI = \max\{IAQI_{PM25}, IAQI_{PM10}, IAQI_{SO_2}, IAQI_{CO}, IAQI_{NO_2}, IAQI_{O_3}\}$$

$$(3-4)$$

根据该计算方法，AQI 取值范围为 0 ~ 500，AQI 的数值越大，则代表空气质量越差。此外，根据 AQI 数值的区间，现行的空气质量标准被划分

---

① 具体对照表详见环保部的《环境空气质量指数（AQI）技术规定（试行）》（HJ633 – 2012》，环境保护部，2012 年 2 月 29 日。

表 3－3　　　　　　　　　　IAQI 与污染物浓度限值　　　　　单位：μg/m³

空气质量分指数（IAQI）	污染物项目浓度限值（μg/m³）				
	SO₂ 24 小时平均	SO₂ 1 小时平均	NO₂ 24 小时平均	NO₂ 1 小时平均	PM10 24 小时平均
0	0	0	0	0	0
50	50	150	40	100	50
100	150	500	80	200	150
150	475	650	180	700	250
200	800	800	280	1 200	350
300	1 600	(2)	565	2 340	420
400	2 100	(2)	750	3 090	500
500	2 620	(2)	940	3 840	600

空气质量分指数（IAQI）	污染物项目浓度限值（μg/m³）				
	CO24 小时平均/（mg/m³）	CO1 小时平均/（mg/m³）(1)	O₃ 1 小时平均	O₃ 8 小时平均	PM2.5 24 小时平均
0	0	0	0	0	0
50	2	5	160	100	35
100	4	10	200	160	75
150	14	35	300	215	115
200	24	60	400	265	150
300	36	90	800	800	250
400	48	120	1 000	(3)	350
500	60	150	1 200	(3)	500

说明：	（1）SO₂、NO₂ 和 CO 的 1 小时平均浓度限值仅用于实时报，在日报中需使用相应污染物的 24 小时平均浓度限值。 （2）SO₂ 的 1 小时平均浓度值高于 800μg/m³ 的，不再进行其空气质量分指数计算，SO₂ 空气质量分指数按 24 小时平均浓度计算的分指数报告。 （3）O₃ 的 8 小时平均浓度值高于 800μg/m³ 的，不再进行其空气质量分指数计算，O₃ 空气质量分指数按 1 小时平均浓度计算的分指数报告。

资料来源：环境保护部：环境空气质量指数（AQI）技术规定（试行）（HJ633_2012），2012 年 2 月 29 日。

为六个等级：优（0~50）、良（51~100）、轻度污染（101~150）、中度污染（151~200）、重度污染（201~300）和严重污染（301~500）。AQI级别分类如表3-4所示。

表3-4   AQI级别及相关信息

空气质量指数 AQI	AQI级别	空气质量类别及表示颜色		对健康影响情况	建议采取的措施
0~50	一级	优	绿色	空气质量令人满意，基本无空气污染	各类人群可正常活动
51~100	二级	良	黄色	空气质量可接受，但某些污染物可能对极少数异常敏感人群健康有较弱影响	极少数异常敏感人群应减少户外活动
101~150	三级	轻度污染	橙色	易感人群症状有轻度加剧，健康人群出现刺激症状	儿童、老年人及心脏病、呼吸系统疾病患者应减少长时间、高强度的户外锻炼
151~200	四级	中度污染	红色	进一步加剧易感人群症状，可能对健康人群心脏、呼吸系统有影响	儿童、老年人及心脏病、呼吸系统疾病患者应避免长时间、高强度的户外锻炼，一般人群适量减少户外运动
201~300	五级	重度污染	紫色	心脏病和肺病患者症状显著加剧，运动耐受力降低，健康人群普遍出现症状	儿童、老年人及心脏病、呼吸系统疾病患者应停留在室内，停止户外运动，一般人群减少户外运动
>300	六级	严重污染	褐红色	健康人群运动耐受力降低，有明显强烈症状，提前出现某些疾病	儿童、老年人及心脏病、呼吸系统疾病患者应留在室内，避免体力消耗，一般人群应避免户外活动

资料来源：环境保护部：环境空气质量指数（AQI）技术规定（试行）（HJ633_2012），2012年2月29日。

新的空气质量标准自2013年开始逐步实施，对全国地级以上城市的空气质量指标监测共分三个阶段实施，2013 年将全国 74 个大中城市作为第一阶段监测实施城市推行新标准，包括京津冀地区、长江三角洲地区、珠江三角洲地区城市及直辖市、省会城市和计划单列市；2014 年新增 87 个监测城市，共计 161 个地级及以上城市作为第二阶段实施城市；2015 年新增 177 个监测城市，共计 338 个地级及以上城市作为第三阶段实施城市，至此全国 338 个地级及以上城市全部开展了更为严格更为科学的新标准，即 AQI 实施监测。

　　此外，在这里，有必要对空气质量指数的可靠性进行特别的讨论。一直以来，学界中对中国的空气质量数据诟病很多，一些学者认为中国官方会伪造空气质量数据。例如，之前 Andrews（2008）就发现北京的 API 位于 96～100 的天数明显高于其位于 101～105 的天数，而 API 是否低于 100 是 2012 年以前中国环境保护部门定义"蓝天"的主要标准，即在空气污染指数接近"蓝天"标准的时候，地方政府有通过各种方式"伪造"数据的嫌疑。Chen 等（2012）、Ghanem 和 Zhang（2014）基于更多城市及更精巧的计量方法也发现了类似的结论。但随着空气质量监测体制的逐渐完善，中国的空气质量数据也变得相对更加可靠了。Stoerk（2016）对北京 2007～2013 年三个不同资料来源的官方空气质量数据进行分析（数据包括 AQI、PM2.5、PM10、SO_2、NO_2、O_3），研究发现北京的空气质量数据造假终止于 2012 年，自 2013 年之后，北京的官方空气质量数据不再存在造假的嫌疑。本书使用的数据皆为 2013 年以后各城市的空气质量数据，因此本研究的研究数据具有可信性。当然，作为稳健性分析的一部分，本书实证研究部分，也针对可能的数据造假，进行了稳健性分析。具体而言，本书将那些易造假的数据阶段剔除，来看研究结论是否依然成立。

3.3

中国雾霾的现状

3.3.1　中国雾霾现状在全球的排名

　　虽然"雾霾"一词进入中国公众的视野始于 2011 年，但中国雾霾天气的出现却已颇有一些时日。美国太空总署（NASA）公布了 1998～2012 年每三年的 PM2.5 浓度平均值的全球空间分布卫星数据。该数据表明，早在 1998～2000 年，中国的 PM2.5 浓度就已经远高于全球其他地区。彼时，中国已经在面临着十分严峻的雾霾问题，只是当时的雾霾被认为是一种"雾"，而非"霾"。除中国外，全球只有北非地区的 PM2.5 年均浓度值超过了 500 微克/立方米，而这一地区坐落着撒哈拉沙漠，常年被风沙覆盖着。卫星数据显示，中国仍然是全球 PM2.5 浓度最高的几个地区之一，且相较于 1998～2000 年，2010～2012 年中东地区、印度北部地区和中国的 PM2.5 年均浓度均有较为明显的升高，且 PM2.5 高浓度的范围有所扩大。除非洲北部的撒哈拉沙漠地区，以及中东地区的沙漠地带以外，全球 PM2.5 浓度最高的地区分布在中国的华北、华东、华中地区、中国新疆的塔克拉玛干沙漠地区以及印度北部地区。

3.3.2 中国雾霾的空间分布特征

据 2013 年《中国环境状况公报》显示，2013 年全国雾霾形势仍然十分严峻。首批实行新标准监测的 74 个重点城市中平均达到国家二级标准（即《环境空气质量标准》，GB3095－1996）的天数比例仅为 60.5%，17 个城市达标天数比例竟低于 50%。其中，京津冀地区、长江三角洲地区、珠江三角洲地区这三大重点区域中，京津冀地区和珠江三角洲区域所有城市均未达标，而长江三角洲区域也仅仅有舟山市达标[①]。一时间，中国公众面对严峻又频发的雾霾天气，已是"谈霾色变"。而根据 2014 年《中国环境状况公报》显示，2014 年中国空气质量较上一年稍有好转，但依然不容乐观。2014 年中国开展监测的 161 个地级市以上城市中，有 145 个城市空气质量平均值未达到国家二级标准，空气质量达标的城市不足 10%。其中首批实行新标准监测的 74 个重点城市中有 66 个城市超过国家二级标准[②]。世界卫生组织将 PM2.5 浓度年均值低于 10 微克/立方米设定为安全值，在此标准下，中国所有监测城市中没有一个能够达标，中国雾霾问题

---

① 资料来源于中国环境状况公报 2013。
② 资料来源于中国环境状况公报 2014。

依然十分严峻。

中国严峻的雾霾形势与经济的粗放式发展密切相关，因此，中国的雾霾重灾区也集中在经济较为发达的地区，如京津冀地区、长江三角洲地区以及珠江三角洲地区，其雾霾问题非常严峻。再看 NASA 发布的全球 PM2.5 浓度卫星数据。以 2010～2012 年的年均浓度数据为例，2010～2012 年间中国 PM2.5 浓度最高的地区集中分布在东部经济发达地区，几乎一半的国土被高浓度的 PM2.5 笼罩着。新疆南部的 PM2.5 浓度也相对较高，这是由于塔克拉玛干沙漠的原因，除此之外，PM2.5 浓度最高的地区主要分布在华北、华东、华中、华南部分地区，甚至东北部分地区。

大量研究表明，构成雾霾的几种主要污染物在中国的排放程度已经达到了十分严峻的程度，且其排放强度越来越大。在总悬浮颗粒物中，中国进入 2013 年才陆续开始对地级以上城市大气中 PM2.5 浓度进行监测，同时开始使用 AQI 替代 API 度量空气质量状况。对 PM10 的监测则较早一些，在更早的年份，中国对总悬浮物的监测则只以总悬浮颗粒物记，中国总悬浮颗粒物的浓度自 20 世纪 90 年代中期开始出现了明显的上升（洪传洁等，2005）。根据环保部公布的 AQI 数据，2015 年中国 338 个地级及以上城市中，环境空气质量超标（即 AQI＞100）城市个数多达 265 个，超标城市占比高达 78.4%；338 个地级及以上城市中平均达标（即 AQI≤100）天数占比为 76.7%，其中轻度污染（即 100＜AQI≤150）天数占比为 15.9%，中度污染（即 150＜AQI≤200）天数占比为 4.2%，重度污染（即 200＜AQI≤300）天数占比为 2.5%，严重污染（即 AQI＞300）天数占比为 0.7%。严重污染城市集中分布在京津冀地区和长江三角洲地区。全国仅有 6 个城市达标天数占比为 100%，分别是马尔康、丽江、香格里拉、塔城和林芝。

2015 年中国地级及以上监测城市的超标天数中首要污染物是 PM2.5 的天数占比为 66.8%。再来分析 PM2.5 的空间分布①。根据环保部最新印发

① 该资料来源于国际和平组织绿色和平根据国家环保部门的公开信息平台搜集的国控监测站每小时的 PM2.5 浓度数值，按照算术平均的方法分别计算出的不同城市 2015 年度 PM2.5 浓度的均值。

的《环境空气质量标准》（GB3095~2012）[1]，中国现行 PM2.5 一级标准年平均和 24 小时平均极限浓度分别为 15 微克/立方米和 35 微克/立方米，二级标准分别为 35 微克/立方米和 75 微克/立方米。366 个城市中 73 个达到国家二级标准的，占比仅 19.9%。数据表明，2015 年中国 PM2.5 年平均浓度排名最高的五个省级行政区分别为河南、北京、河北、天津、山东，PM2.5 年均浓度分别为 80.7、80.4、77.3、71.5、66.4（单位均为微克/立方米）；PM2.5 年均浓度排名最低五个省分别是海南、西藏、云南、福建、贵州。366 个监测城市的 PM2.5 年平均浓度范围为 10.6~119.1 微克/立方米，年平均浓度为 50.2 微克/立方米（超过中国国家二级标准0.43 倍），其中 PM2.5 年平均浓度排名最高的五个城市分别为喀什地区、保定、德州、邢台、衡水，其中排名前四的四个城市年平均浓度竟均超过了 100 微克/立方米，分别为 119.1、107、102.3 和 101.7（单位均为微克/立方米），PM2.5 年平均浓度最低的城市位于西藏、云南、贵州、新疆、海南等地。此外，监测数据表明，中国北方城市的 PM2.5 浓度明显高于南方城市，这是由于北方城市的工业化程度较高，并且北方的气候状况不利于空气污染物的稀释、扩散以及清除所致（World Bank，2007）。

构成雾霾的元凶除总悬浮颗粒物之外，还有硫氧化物（主要为 SO_2）和氮氧化物（主要为 NO_2）。中国对这两类污染物的监测历史要相对更早一些，因此对于近年来的排放趋势研究有大量资料可供查阅。就全国各地区来看，2015 年中国 SO_2 排放大省（区）分别为山东、内蒙古、河南、山西和河北，其排放量均超过 100 万吨，五省排放总量占到全国排放总量的33%（见图 3-1）。再看 NO_2 分地区的排放情况，2012 年中国 NO_2 排放大省（区）分别为山东、河北、河南、内蒙古和江苏，其排放量也均超过了100 万吨，排放总量占到全国 NO_2 排放总量的 34%（见图 3-2）。此外，工业烟尘、工业粉尘也是构成雾霾的主要帮凶，每年排放到大气中的排放量同样不可小觑。

---

[1] 2012 年 2 月 29 日，中华人民共和国环境保护部发布最新标准，《环境空气质量标准》（GB3095~2012），该标准自 2016 年 1 月 1 日起在全国实施，自实施之日起，旧标准《环境空气质量》（GB3095-1996 及其修改单）废止。

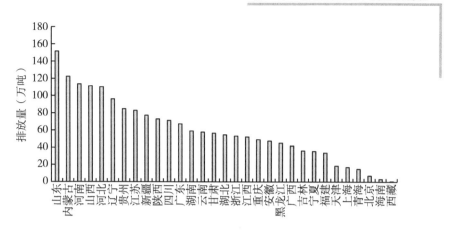

图 3 - 1　2015 年全国各地区二氧化硫排放情况

资料来源：中国国家统计局，《中国统计年鉴 2016》，中国统计出版社，2016 年 10 月。

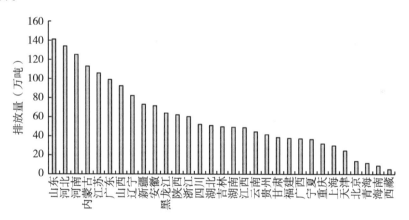

图 3 - 2　2015 年全国各地区二氧化氮排放情况

资料来源：中国国家统计局，《中国统计年鉴 2016》，中国统计出版社，2016 年 10 月。

3.3.3　中国雾霾的时间分布特征

中国统计年鉴的统计数据显示，2002 年以来，各监测城市的达标天数呈现逐年上升的趋势，图 3 - 3 是 2002～2015 年北京、上海、广州、天津的达标天数、年均 PM10 浓度、年均 SO_2 浓度和年均 NO_2 浓度的变化情况。

进入 2013 年,达标天数出现显著的下降,这是由于 2013 年中国环保部采用了新的空气质量度量方法,使用更为严格更为科学的 AQI 代替原有的 API,因而使得新标准下的达标天数出现了显著的下降。在总悬浮颗粒物中,中国进入 2013 年才陆续开始对地级以上城市进行大气中 PM2.5 浓度的监测,对 PM10 的监测则较早一些,在更早的年份,中国对总悬浮物的监测则只以总悬浮颗粒物记,中国总悬浮颗粒物的浓度自 20 世纪 90 年代中期开始出现了明显的上升(洪传洁等,2005)。图 3 - 3 表明 2002 ~ 2015 年中国北京、上海、广州、深圳这些具有代表性的大城市的 PM2.5 年均浓度呈现逐年降低的趋势,但天津和上海在 2013 年 PM10 年均浓度出现显著升高,这与当年中国大范围爆发恶性雾霾事件的事实相符。数据显示北京、上海、广州、天津的 SO_2 和 NO_2 年平均浓度也呈现逐年下降的趋势,其中天津的 SO_2 浓度虽然在 2011 ~ 2013 年出现十分显著的上升但随后又重新下降。

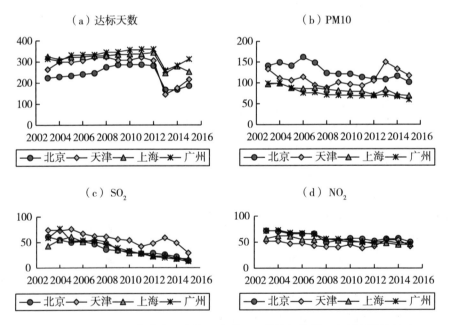

图 3 - 3　2002 ~ 2015 年北京、上海、广州、天津达标天数、年平 PM10 浓度、年平 SO_2 浓度和年平 NO_2 浓度变化(单位:天、$\mu g/m^3$)

资料来源:中国国家统计局,《中国统计年鉴 2016》,中国统计出版社。

随着国家对雾霾状况的重视,中国的雾霾水平开始有了较为明显的好

转，除前面所列举的北京、上海、广州、天津四个雾霾较为严重的代表性
城市外，从全国平均水平来看，中国的雾霾形势近年来也是向好的，尽管
雾霾形势依然十分严峻。图 3 - 4 是 2013 年以来开展的第一批重点监测试
点城市的年平均达标天数及其占比情况。数据显示，74 个重点监测城市自
2013～2015 年达标天数逐年升高，但从具体天数来看，74 个重点监测城市
当中，2013 年只有 3 个城市的 AQI 达到国家二级标准，2014 年只增加至 8
个城市达标，到 2015 年也仅仅有 11 个城市达标，达标天数占比从 2013 年
的 4.1% 仅仅升高至 2015 年的 14.9%，距离西方发达国家的空气质量还有
很大的差距和上升空间。

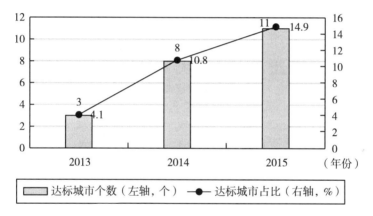

图 3 - 4　2013～2015 年全国 74 个重点监测城市达标天数及其占比（单位：个、%）
资料来源：中国国家统计局，《中国统计年鉴 2016》，中国统计出版社。

现在我们再来分析中国雾霾的时间分布情况。图 3 - 5 是 2013 年 12 月至
2016 年 8 月样本城市不同月份的雾霾变化趋势，从中可以看出，雾霾有明显
的季节特征。对于空气质量指数 AQI 和大部分单项污染物浓度数据，都是冬
季较夏季更高，只有对臭氧浓度，夏天明显高于冬季。雾霾的这种明显的季
节性变动，使得在后文的回归分析中，必须对其进行某种季节性调整。

图 3 - 6 是本研究所使用的 2013 年 12 月至 2016 年 8 月全国 189 个样
本城市的日度 AQI 数据的不同等级污染天数占比，数据显示，不同等级污
染天数的分布，在整个样本期间，轻度以上污染天数占比为 29.4%，但在
雾霾较为严重的 1～2 月，轻度污染天数占比为 44.3%，这两个月空气质
量指数平均为 109.9。

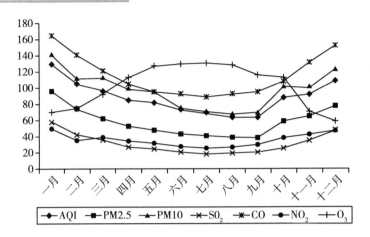

图 3 – 5　2013 年 12 月至 2016 年 8 月样本城市不同月份的雾霾变化趋势（单位：μg/m³）

　　注：为便于比较趋势，本图中 CO 浓度缩小了一百倍。

　　资料来源："中国空气质量在线监测分析平台"。

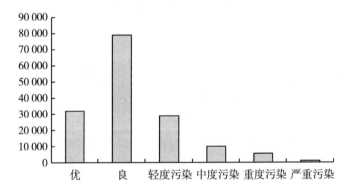

图 3 – 6　2013 年 12 月至 2016 年 8 月 189 个样本城市不同等级污染天数

　　资料来源："中国空气质量在线监测分析平台"。

　　近年来，在各界压力之下，中国政府对雾霾的治理可谓非常重视，其中最主要的考核指标就是 PM2.5 和 PM10。而且，这两个污染物也是当前中国空气质量指数的主要决定因素。如图 3 – 7 所示，根据环境保护部下属的中国环境监测总站提供的数据，在 2013 年 12 月至 2016 年 8 月，300 多个城市当中，作为首要污染物，PM2.5 和 PM10 两者合计占到总天数的 70% 以上。而且，在冬天时，PM2.5 和 PM10 等作为首要污染物，天数占比会更高。

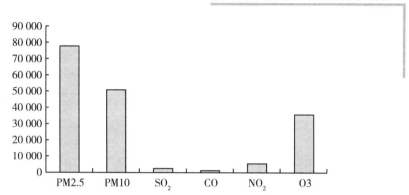

图 3 - 7　2013 年 12 月至 2016 年 8 月 300 多个城市首要污染物天数

资料来源："中国空气质量在线监测分析平台"。

　　对本研究样本日度空气质量的数据分析表明，中国雾霾的时间分布除具有明显的季节性特征之外，还具有较为明显的星期特征。图 3 - 8 为 2013 年 12 月至 2016 年 8 月样本城市一星期中不同日期的 AQI 和 PM2.5 浓度变化趋势，数据表明，如果以星期一作为一星期的开始，那么每星期中 AQI 值最小的时候出现在星期四，即一星期中的中间日期，而一星期当中的头尾日期即星期一和星期日，AQI 值最大，星期二和星期六以及星期三和星期五 AQI 值递减，整个星期中 AQI 值呈现出高度对称性。根据前文的数据分析结果，样本期间，样本城市首要空气污染物为 PM2.5 和 PM10，那么图 3 - 8 中一星期中 PM2.5 浓度值的时间分布于 AQI 的时间分布高度相关，就不难理解了。由此可见，中国雾霾的时间特征除具有明显的季节

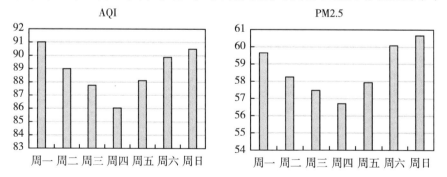

图 3 - 8　2013 年 12 月 ~ 2016 年 8 月样本城市一星期中不同日期的 AQI 和

PM2.5 浓度变化趋势（单位：μg/m³）

资料来源："中国空气质量在线监测分析平台"。

性之外，还具有星期几效应，因此，在本研究后续的实证回归中，十分有必要对一星期中的第几日进行控制。

3.4

本章小结

本章首先对雾霾的定义进行了详细地界定，然后对雾霾的度量方式进行了介绍，主要包括空气污染指数（API）和空气质量指数（AQI），最后探讨了中国当前雾霾现状，先总体说明中国雾霾现状在全球雾霾形势中的排名情况，接着分别从空间和时间两个维度，利用可获取的数据分析近年来中国雾霾的时空分布特征。数据表明，中国的雾霾问题已然十分严峻，中国的雾霾最严重的地区集中在京津冀地区、长江三角洲地区以及珠江三角洲地区等经济较为发达的地区。不过令人欣慰的是，中国雾霾情况的时间分布表明，最近几年来中国的雾霾问题正在逐步向好。但总体来说，中国雾霾变好的速度，远远赶不上民众的期待和中央政府的要求，因此这促使地方政府在某些特殊时期，以超出寻常的力度进行空气污染的"动员式治理"，余下几个章节就从几个不同的角度来探讨雾霾的"动员式治理"的效果和其中存在的问题。

第4章

"动员式治理" I：地方"两会" 召开与"政治性蓝天"①

4.1
引言

　　2015 年 9 月 3 日，为纪念抗战胜利暨世界反法西斯胜利 70 周年，中国政府举行了隆重的阅兵仪式。为了保障阅兵的顺利举行，北京市联合周边省市在机动车、工业企业、施工工地等方面实施临时性管控措施。管制措施取得了良好效果，根据北京市环境保护局的统计，2015 年 8 月 20 日至 9 月 3 日，北京市细颗粒物（PM2.5）平均浓度降低到 17.8 微克/立方米，相较于 2014 年同一时期，降低了 73.2%。北京空气质量连续 15 天达到一级优水平，达到了世界发达国家大城市的平均水平，而且二氧化硫（SO_2）、二氧化氮（NO_2）、可吸入颗粒物（PM10）等空气污染指标也出现显著下降趋势。9 月 3 日阅兵举行时，北京 PM2.5 的浓度仅为 8 微克/立方米，可谓完美实现了"阅兵蓝"。其实这种平常不太重视，而在某些特殊时期特别重视，采取超过平常力度的"动员式治理"，进而呈现出的短暂的"政治性蓝天"，之前在 2008 年北京奥运会期间和 2014 年 APEC 会议期间都曾出现过，似乎这种"动员式治理"已经成为中国各级政府空气污染治理的一大法宝。

---

　　① 本章内容发表在《中国工业经济》2016 年第 5 期，第 40—56 页，原文标题为《雾霾治理中的"政治性蓝天"：来自中国地方"两会"的证据》。

然而，中国地方各级政府经常倚重的这种临时或周期性重视、"动员式治理"产生的"政治性蓝天"可行吗？其"经济理性"何在？具有可持续性吗？在中国城市雾霾问题仍然非常严峻的情况下，讨论这样一个问题，具有重要的现实意义。根据 2014 年《中国环境状况公报》的统计，2014 年有 145 个城市空气质量不能达到国家二级标准，在开展空气质量监测的城市中，达标率不足 10%。根据亚洲开发银行的报告，在中国的大城市当中，满足世界卫生组织建议的空气质量标准的城市不足 1%（Zhang and Crooks, 2012）。严重的空气污染对中国居民健康造成了极大危害，据估计，早在 2003 年，因空气污染而导致的健康成本已占到当年中国 GDP 的 1.16% ~ 3.8%（World Bank, 2007）。2010 年全球疾病负担研究报告指出空气污染是中国民众健康的第四大杀手（Yang et al., 2010）。Chen 等（2013）的研究甚至认为，中国北方长期在冬季烧煤供暖，由此而产生的空气污染导致其人均预期寿命缩短 5.5 年。

在环境污染依然严峻的形势下，公众环境保护意识近年来则不断增强，经常有意识甚至有组织地表达对环境污染问题的关切。例如，2006 年厦门临港新城被规划为石化中下游产业区，为反对二甲苯化工项目（即 PX 项目）的落地，厦门市市民自发组织了一场有名的"散步"行动，向市政府施压，最终成功阻止该项目的落地（何瑜，2007）。2011 年，大连市市民也发动了因反对 PX 项目的抗议活动，市政府当即决定项目停产并将其搬迁。2012 年，四川省什邡市市民抗议钼铜项目，最终使该项目被搁置。公众环境保护意识的增加，迫使政府更加注重环境保护工作，特别是中央政府，通过了一系列环境保护政策和法规，要求地方政府加强环境保护工作。

一方面是公众和中央政府的环境保护压力越来越大，另一方面是"唯 GDP 论"的传统政绩观的惯性影响，地方政府必须在回应公众及中央环境保护压力和维持辖区经济增长中进行平衡。在这种"保蓝天"和"保增长"的跷跷板中，虽然保蓝天往往被牺牲，但在某些政治更敏感、更需要照顾民意的特殊时期，政府可能就会相对更加重视蓝天，从而通过临时性限制措施，制造"APEC 蓝""阅兵蓝"等"政治性蓝天"（Liang et al., 2015）。但非常有必要讨论这种"动员式治理"与"政治性蓝天"的可行性和可持续性究竟如何。近年来，地方各级政府 "两会"（政治协商会议和人民代表大会）期间，雾霾和环境污染治理都会成为社会媒体和代表们关注的重点问题之一，也是政府回应民众呼声，采取临时性措施，治理雾霾，创造碧水蓝天生态文明的最佳时机。因此本章利用 2013 年 12 月至 2016 年 3 月中国 189 个城市日度空气质量数据，包括空气质量指数（AQI），以及合成空气质量指数的主要单项污染物的浓度数据，采用双重差分法和断点回归的思想分析地方 "两会" 的召开对空气质量的影响。

由于各地的 "两会" 大多集中在每年的 1～2 月，但召开的时间并不完全一致，因此，一个地方 "两会" 召开期间，其他没有召开 "两会" 的城市就成了该城市的对照组，这样就构成了 "两会" 召开期间与 "两会" 召开前后，以及 "两会" 召开城市与非 "两会" 召开城市的双重差异，从而可以使用双重差分法进行回归。同时，统计学上而言，空气质量应该随着季节和日期的变化而缓慢连续地变化（详见本书第三章），因此地方 "两会" 的召开与否又构成了一个类似于断点的情形，从而可以借鉴断点回归的思想。

本章的回归结果显示，各城市 "两会" 期间，雾霾水平显著下降。换言之，这种 "动员式治理" 和 "雾霾的临时性改善" 不仅出现在 APEC 会议和盛大阅兵之时，而且已经成为一种各级政府常规性的 "形象工程"。同时，进一步的分析也显示，地方 "两会" 召开过后，雾霾水平又会迅速回升，这种 "雾霾的临时性改善" 不仅不可持续，反而通过更严重的 "报复性污染" 而使其真实效果大打折扣。总结而言，本章的创新之处在于首次从学术角度提出并阐述了 "动员式治理" 及其带来的 "雾霾的临时性改善" 这一近年来空气治理中出现的重要现象的理论机制，并以地方 "两会" 为切入点，从实证角度论证了 "动员式治理" 和 "雾霾的临时性改善" 广泛存在的证据及其后果。

4.2

理论分析与研究假说

作为严重影响民众健康和社会经济可持续发展的重要因素，中国的空气污染和雾霾问题近年来已经引起了学术界的高度关注。现有文献从能源结构（席鹏辉和梁若冰，2015）、工业集聚（东童童等，2015）、轨道交通（梁若冰和席鹏辉，2016）、经济增长（王敏和黄滢，2015）、空间效应（马丽梅和张晓，2014）等多方面对中国雾霾的成因和特征等，进行了诸多讨论，得到了富有启发的结论。然而，本章关注的焦点问题是以地方"两会"为切入点，探讨近年来中国空气污染治理中的一个重要现象——"动员式治理"和"雾霾的临时性改善"。因此，既然是考察这种临时性的、由政治性事件引发的蓝天，那必然首先要梳理清楚这一现象的主导者——地方政府和官员在雾霾治理上的激励问题。

晋升是中国各级官员面临的最大激励，因此本章也以此为切入点讨论在雾霾治理上，地方政府和官员面临的激励问题。中国施行的是政治集权、经济分权的体制（Xu，2011），上级政府根据各方面的政绩来考核下级政府和选拔官员，而在"以经济建设为核心"的政治背景下，基础设施、GDP 增长就比环境保护等在政绩考核中占据更重要的地位，因此，地方政府和官员就非常有激励牺牲环境保护以促进当地的经济增长（周黎安，2007；Jia，2012；Wu et al.，2014）。例如，于文超和何勤英（2015）的研究就发现当地方的经济增长绩效较差时，当地的环境污染事故就会更加频发。不过，随着经济发展水平的提高，中国民众环境保护意识也逐渐提高，对政府加强环境保护也提出了越来越高的期待和要求。而政府也确实越来越强调环境保护工作，特别是中央政府，提出了诸如科学发展观、生态文明建设等发展理念（郑思齐等，2013）。同时中央政府也越来越将节能减排作为对官员政绩考核的重要依据，例如，国务院于 2005 年 12 月发布了《关于落实科学发展观加强环境保护的决定》，首次明确将环保工作纳入到官员的政绩考核体系当中。2013 年 9 月国务院印发的《大气污染防治行动计划》也明确提出，2017 年中国地级及以上城市大气中 PM10 浓度应比 2012 年下降 10%，优良天数逐年提高。Zheng 等（2014）发现在中央和公众对地方政府加强环境保护的要求和期待下，节能减排已经和经济增长一样，成为影响地方官员晋升的考核依据。Liang 和 Langbein（2015）的研究则发现，如果环境绩效考核目标明确责任到位，且民众可见度高，污染治理效果就会很好，如大气污染；而如果可见度低，虽然纳入环境保护考核,污染治理效果也不会很好,如水污染;未纳入环境保护考核的污染指标,更是完全不被重视。黎文靖和郑曼妮(2016)基于中国地级市空气质量指数和地级市层面统计数据,研究发现空气质量影响到了官员的晋升概率,而且当空气治理压力大时,迫于环保压力,各地会减少固定资产的投资,而相应增加环境污染治理的投资。

讨论环境保护是不是已经成为地方官员的考核指标,乃至讨论其和经济增长在考核官员中孰重孰轻固然是重要的,但有一点需要注意的是,空气质量和经济增长衡量的时间窗口非常不同。空气质量每天乃至每小时都可能变化,经济增长只有经过较长时期才能发生缓慢变化。因此,虽然在较长的时间段内,例如全年或其整个任期内,地方官员可能会相对而言更重视经济增长,而忽视甚至牺牲空气质量,但在某些特殊时期,在更短的时间窗口内,地方政府和官员可能就会相对更重视空气质量,因为对空气质量的暂时重视,并不会有损当地的长期经济增长,因为可以等到特殊时期过后,再恢复常态。此即为本章论证的中心议题"动员式治理"和"雾霾的临时性改善",即通过政府和官员短期重视而出现的暂时性空气质量改善。

本章主要以各城市"两会"的召开为这种特殊敏感时期的代表,考察"动员式治理"和"雾霾的临时性改善"存在的原因和后果。各地"两会"举行期间,是高度的政治敏感时期,媒体广泛聚集,如果发生雾霾爆表等恶性事件,新闻会更快更广泛地传播,民众的呼声也会得到媒体的部分响应。因此,一方面各地"两会"期间,政府有很强的激励加强环境保护措施,降低空气污染和民众压力,营造碧水蓝天的生态文明;另一方面,对于当地企业而言,在这种官员集中、媒体集中、公众关注的政治敏感时期,也有激励主动降低空气污染物的排放。在"两会"过后,地方政府又可以将主要精力放在促进经济增长上,从而雾霾水平可能又再次上升,而对全年的经济增长影响又不大。本章主要从雾霾和经济增长的度量窗口期不同的角度来阐述本章的逻辑。

为了更严谨地阐述上述理论分析当中的经济逻辑,可以使用如下的简单数理推导:假设在中央政府和民众的压力下,空气质量和经济增长都进入地方政府和官员的效用函数,即:

$$\max U = Y + \alpha A_1 + (1-\alpha)A_2 \qquad (4-1)$$

但空气质量可以划分为两期，并同时进入上述效用函数，其中参数 α 可理解为短时期内空气质量对地方官员的重要程度。而整个时期的经济增长则同时依赖于这两个时期的空气质量，即生产函数为：

$$Y = F(A_1, A_2, K, L) \qquad\qquad (4-2)$$

这里假定资本和劳动都为常数，且标准化为 1，即生产函数简化为 $F(A_1, A_2)$。同时，不妨假设该生产函数对于空气质量满足 $F' < 0$，$F'' < 0$，即经济增长需要牺牲空气质量，但空气污染的边际产量递减。

将式（4-2）代入式（4-1），并求一阶条件，可得

$$F_{A_1}' + \alpha = 0 \qquad\qquad (4-3)$$

将（4-3）视作隐函数，并对参数 α 求导，可得 $\dfrac{\partial A_1}{\partial \alpha} = -1/F_{A_1}'' > 0$，同理可得 $\dfrac{\partial A_2}{\partial \alpha} = 1/F_{A_2}'' < 0$。

即在中央政府和民众的压力下，空气质量和经济增长虽然可能都已经成为地方官员考核指标，从而进入地方官员的目标函数，地方官员要在其中进行权衡取舍。但在不同时期，由于上级政府和社会公众对环境保护和经济增长的要求有所不同，且短期视角和长期视角的侧重点也不同，因此，如果在一些特殊时期，空气质量对地方政府和官员更加重要，那么该时期的空气就会得到更多重视和改善，即"动员式治理"，但下一时期，空气质量就会恶化，从而产生这种雾霾的临时性改善。因此，本章提出以下待检验假说。

假说：各地"两会"期间，雾霾水平会低于其他时期；而"两会"过后，雾霾水平会再次上升。

4.3

研究设计与数据

4.3.1 计量方程

目前可以使用多种方法来检验"两会"对空气质量的影响：（1）单差

法,即简单比较 "两会" 期间与非 "两会" 期间空气质量的变化;
(2) 双重差分法,即选取其他的城市作为对照组,同时考察 "两会" 期间
与非 "两会" 期间的差异,以及召开 "两会" 和没有召开 "两会" 的城
市之间的差异 (Chen et al., 2013) ;(3) 断点回归,考察 "两会" 召开
期间,其空气质量是否发生了突变 (Davis, 2008;Viard and Fu, 2015;曹
静等, 2014)。若仅仅采用单差法考察 "两会" 对空气质量的影响过于粗
糙,一方面无法将 "两会" 和其他政策的效果相区分开来,另一方面无法
将城市空气质量变化的固有趋势剥离掉。而若使用双重差分法则能够有效
解决单差法的以上弊端,而很好地对不同地区共同的空气质量变化趋势进
行控制。而使用断点回归则可以进一步分析空气质量在随着日期和季节的
渐进变化中,是否受到 "两会" 的突然冲击,这一思想本研究也可以借
鉴。具体而言,我们设置如下的回归方程:

$$Y_{cd} = \beta_0 + \beta_1 NPC_{cd} + \lambda X_{cd} + \delta_c + \mu_d + \varepsilon_{cd} \qquad (4-4)$$

其中,下标 c 表示该数据相应的城市,下标 d 表示该数据相应的日期
(年、月、日);Y_{cd} 对观测到的空气质量指数 (AQI) 以及细颗粒物
(PM2.5)、可吸入颗粒物 (PM10)、二氧化硫 (SO$_2$)、一氧化碳 (CO)、
二氧化氮 (NO$_2$) 和臭氧 (O$_3$) 等单项污染物浓度数据加以衡量;本章定
义哑变量 NPC_{cd},以刻画 "两会" 期间的 "政治性蓝天" 的效果,当 d 日
期 c 城市 "两会" 召开时,NPC_{cd} 为 1,否则为 0。β_1 表示 "两会" 期间动
员式治霾的效果。

此外,本章也加入了其他天气因素,作为控制变量 X_{cd},天气变量主要
包括最高最低气温、是否下雨 (哑变量)、是否下雪 (哑变量) 以及风力
大小等,以控制天气对雾霾水平的影响。δ_c 为地区哑变量,反映各地在短
时间内不会发生变化的地区固定效应。μ_d 是一组时间固定效应,主要包
括:年份哑变量、年份中第几个月哑变量、年份中的第几个星期哑变量
等,用来控制季节性因素对雾霾的影响,以及法定节假日、星期当中的第
几天哑变量等,主要用来控制人类工作时间安排对空气污染的影响。空气
质量深受人类生产、生活的影响,但生产性污染和生活性污染又可能存在
差异,通过引入节假日和一周七天的虚拟变量,可以对此因素进行初步排
除。此外,对于部分城市,本章还控制了全国和省级 "两会" 的影响。

本章的主要解释变量是地方政府"两会"的召开。之所以选取地方"两会"作为"动员式治理"和"雾霾的临时性改善"效果的检验，这是因为：第一，地方"两会"是当地政治周期中最重要的政治事件之一，地方"两会"是执政党将其执政意图变成法律法规的重要一步，地方"两会"在地方立法、连接中央与地方等方面起着重要作用（Nie et al.,2013）。第二，地方"两会"是地方官员任免的关键会议，在政治升迁的零和博弈下，地方官员之间竞争激烈，恶性雾霾事件也会成为官员用来攻击竞争对手（如对于对环境保护负有职责的官员）的工具。第三，近年来，雾霾问题是"两会"时期人民最为关注的重点话题之一，此时期也是媒体集聚、舆论关注的时间，更容易将此时期雾霾的负面影响放大。地方政府有激励将舆论焦点向会议讨论决定的各项决策上引导，而非对雾霾天气的关注。第四，地方"两会"每年每地都要召开，便于进行大样本分析，相对于一次性的阅兵、国际会议等的个案性统计研究，有利于得到更可靠的计量证据。第五，根据惯例，地方政府的"两会"一般在1月份或2月份召开，但召开的时间略有差异，这样就构成了"两会"召开期间与非召开期间，以及"两会"召开城市和非召开城市的双重差异，从而适用于双重差分法[①]。

4.3.2 资料来源

雾霾是指各种排放源产生的气体和颗粒物等污染物，其中硫氧化物（主要是 SO_2）、氮氧化物（主要是 NO_2）和可吸入颗粒物是雾霾的主要组成成分。颗粒物的英文缩写为 PM（particulate matter），其中PM2.5就是直径小于等于2.5微米的污染物颗粒，其在中国被称作细颗粒物，也可被称为可入肺颗粒物。PM2.5既是一种污染物，又是其他有毒有害物质，如重金属、多环芳烃等的载体，其对人类健康和空气质量的危害都十分巨大。

---

① 对于"标准"的双重差分法，往往有鲜明的政策处理前与处理后，以及政策处理组和对照组的双重差异。但在本书模型设置中，所有城市都会召开"两会"，只是召开时间不一。这样不同时间召开"两会"的城市就相互构成了彼此的对照组。例如，1月份召开"两会"的城市在其召开"两会"时，2月份才召开"两会"的城市，就构成了1月份城市的对照组，反之亦然。

2012 年，中国环境保护部通过了新修订的《环境空气质量标准》（GB3095 – 2012）以及《环境空气质量指数（AQI）技术规定（试行）》（HJ633 – 2012）。相对于之前的 API，现行的空气质量指数（air quality index，AQI）主要改变在于：第一，新增细颗粒物（PM2.5）和臭氧（O_3）等几个单项污染物数据；第二，报告的频率由每天增加到了每小时。在新的标准下，各城市需要向环境保护部下属的中国环境监测总站报告该城市各个监测站每小时的六类单项污染物数据，然后再由中国环境监测总站在其官方网站上向公众公布。

但一般而言，更受关注和使用率更高的仍然是每日的 AQI 指数和单项污染物浓度数据。日度 AQI 指数数据是根据各单项污染物浓度的指数数据标准化计算而来，以代表各个城市每日的空气质量。具体而言，每日 AQI 数据计算方法为：第一，计算该城市所有监测站 24 小时六类单项污染物的平均浓度。第二，每日单项污染物 P 的空气质量分指数按照式（4 – 5）计算：

$$IAQI_p = \frac{IAQI_u - IAQI_l}{BP_u - BP_l}(C_p - BP_l) + IAQI_l \qquad (4-5)$$

其中，BP_u 和 BP_l 分别是单项污染物浓度 C_p 相近的浓度限值的高位值和低位值[1]，$IAQI_u$ 和 $IAQI_l$ 则分别代表与 BP_u 和 BP_l 相对应的空气质量分指数，分指数级别及与其相对应的单项污染物浓度限值如表 3 – 3 所示。第三，日度 AQI 是六个分指数的最大值，计算公式如（4 – 6）：

$$AQI = max\{IAQI_{PM25}, AQI_{PM10}, AQI_{SO_2}, AQI_{CO}, AQI_{NO_2}, AQI_{O_3}\} \quad (4-6)$$

根据该计算方法，AQI 取值范围为 0 ~ 500，数值越大，代表空气质量越差。此外，现行的空气质量标准还根据 AQI 的区间，将空气质量划分为六个等级：优（0 ~ 50）、良（51 ~ 100）、轻度污染（101 ~ 150）、中度污染（151 ~ 200）、重度污染（201 ~ 300）和严重污染（301 ~ 500）。

目前，网络已经成为人们获得雾霾数据的首要渠道，很多网站都会自发公布相关数据。本章采用了"中国空气质量在线监测分析平台"提供的

---

[1] 具体对照表详见环保部的《环境空气质量指数（AQI）技术规定（试行）》（HJ633 – 2012》。

日度历史数据,包括每日的 AQI 以及六项单项污染物浓度的日均值等。此外,环保部下属的中国环境监测总站也公布了每日 AQI 数值以及首要污染物等信息,因此本章也使用环境保护部官方网站上公布的日度 AQI 作为稳健性分析的对象。

时间跨度方面,"中国空气质量在线监测分析平台"上,大部分城市数据起始于 2013 年 12 月 2 日,个别城市数据起始于 2014 年 1 月 1 日,截止日期本章选取了 2016 年 3 月 31 日,以尽可能地涵盖 2014~2016 年三年的"两会"季。不过,由于大部分城市的"两会"都是在 1~2 月期间举行的,而雾霾水平受季节因素影响严重,因此为了使得"两会"期间和非"两会"期间具有可比性,本章也采取了长短不同的多个时间窗口,进行稳健性分析。

由于气象条件,例如降雨、气温、风力等都是影响雾霾的重要因素(Wang et al.,2009),因此本章也控制了气象数据。气象数据来自"2345天气网"提供的城市历史天气数据,具体包括最高气温(TEMP_H)、最低气温(TEMP_L)、是否有雨(RAIN)、是否有雪(SNOW)、风力大小(WIND)等几个变量,其中风力大小是根据风力等级刻画的序数变量。法定假日和调休日(HOLIDAY)则主要为了控制假期与非假期对空气质量的影响,该资料来源于国务院办公厅每年发布的节假日安排通知。

对于各城市的"两会"数据,本章根据各地关于政协、人大开闭幕的新闻稿进行界定。在中国,各地的政协和人大会议都是相伴而开的,一般是政协首先开幕,随后人大开幕,闭幕也一般是政协首先闭幕,人大随之闭幕。因此本章以政协开幕、人大闭幕来界定各地"两会"的时间,各城市"两会"一般要召开 5 天左右。如表 4-1 所示,2014 年,在 189 个样本城市中,110 个城市"两会"开幕时间在 1 月(以开幕时间为准),占比 58.2%,64 个城市"两会"开幕时间在 2 月,占比 33.9%,其他 15 个城市在其他月份召开"两会"。2015 年,在 1 月和 2 月召开"两会"的城市数量则分别为 92 个(48.7%)和 79 个(41.8%),其他 18 个城市在其他月份召开"两会"。2016 年,在 1 月和 2 月召开"两会"的城市数量则分别为 116 个(61.4%)和 56 个(29.6%),其他 17 个城市在其他月份召开"两会",其中 6 个城市到样本截止日 2016 年 3 月 31 日,尚未召开当年度的"两会"。此外，本章还搜集了全国和省级"两会"召开时间，将其作为北京和各省会城市的控制变量。

表 4 - 1　　　　　2014~2016 年各地"两会"召开时间城市数　　　　　单位：个

	2014 年	2015 年	2016 年
一月召开	110	92	116
二月召开	64	79	56
其他时间召开	15	18	17
合计	189	189	189

资料来源：作者根据各地"两会"新闻稿整理。

4.3.3　统计分析

表 4 - 2 为其他主要变量的描述性统计。从中可以看出，空气质量指数 AQI 均值为 89.8，尚处于六个等级中的第二等"良"，但均值掩盖了雾霾在不同城市、不同时间之间的巨大差异，这通过空气质量指数的标准差和最大最小值，也可以管窥一二。图 4 - 1 给出了整个样本期间，不同等级污染天数的分布，在 2013 年 12 月至 2016 年 3 月的整个样本期间，轻度以上污染天数占比为 29.4%，但在"两会"召开集中的 1~2 月，轻度污染天数占比为 44.3%，这两个月空气质量指数平均为 109.9。

表 4 - 2　　　　　　　　主要变量的描述性统计

变量名	单位	样本量	均值	标准差	最小值	最大值
AQI	指数	157 503	89.8557	54.9034	9.0000	500.0000
AQI_EMP	指数	138 215	91.4300	52.5608	12.0000	500.0000
PM2.5	微克/立方米	157 503	59.7918	47.5942	0.0000	1 078.0000
PM10	微克/立方米	157 503	99.9474	71.4719	0.0000	2 659.0000
SO_2	微克/立方米	157 503	31.9171	31.6257	0.0000	549.1000
NO_2	微克/立方米	157 503	36.3091	19.6283	0.0000	573.6000
CO	毫克/立方米	157 503	1.1798	0.6899	0.0000	17.8900

续表

变量名	单位	样本量	均值	标准差	最小值	最大值
O$_3$	微克/立方米	157 503	98.7731	51.6647	0.0000	1 080.0000
TEMP_H	摄氏度	157 503	18.9598	10.6060	−23.0000	42.0000
TEMP_L	摄氏度	157 503	10.1135	10.9832	−33.0000	30.0000
RAIN	哑变量	157 503	0.2950	0.4561	0.0000	1.0000
SNOW	哑变量	157 503	0.0255	0.1577	0.0000	1.0000
WIND	序数变量	157 503	1.5074	0.7283	1.0000	10.0000
HOLIDAY	哑变量	157 503	0.0726	0.2595	0.0000	1.0000

资料来源：作者整理。

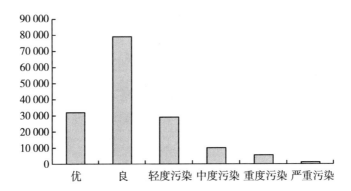

图 4 −1　2013 年 12 月至 2016 年 3 月 189 个样本城市不同等级污染天数
资料来源："中国空气质量在线监测分析平台"。

　　图 4 −2 是 2014 年和 2015 年样本城市不同月份的雾霾变化趋势（不含 2013 年 12 月和 2016 年 1～3 月样本），从中可以看出，雾霾有明显的季节特征。对于空气质量指数 AQI 和大部分单项污染物浓度数据，都是冬季较夏季更高，只有对臭氧浓度，夏季明显高于冬季。雾霾的这种明显的季节性变动，使得在回归分析中，必须进行某种季节性调整。

　　这里还可以通过对"两会"召开期间和"两会"召开前后空气质量的比较，得到一些初步的结论。具体而言，表 4 −3 给出了地方"两会"前 10 天、"两会"召开期间、"两会"后 10 天三个时期主要空气质量指标的描述性统计。从表 4 −3 中可以清晰地看到，"两会"期间空气质量主要指

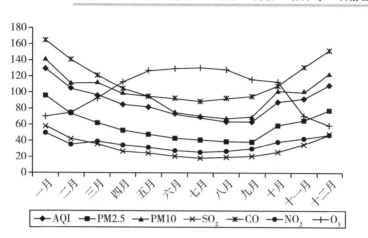

图 4 - 2 2014 年和 2015 年样本城市不同月份的雾霾变化趋势

注:为便于比较趋势,本图中 CO 浓度放大了一百倍。

资料来源:"中国空气质量在线监测分析平台"。

标均明显好于 "两会" 前和 "两会" 后。以 AQI 为例, "两会" 召开期间,各地 AQI 平均为 104.7,显著较 "两会" 前的 112.6 以及 "两会" 后的 111.3,要低一些。这初步说明,地方 "两会" 召开期间,地方政府的确可能通过临时性重视等创造一种短暂的 "政治性蓝天" 的形象工程。当然这里的分析还非常初步,严格的结论尚待下文的计量分析。

表 4 - 3 "两会" 召开期间和 "两会" 召开前后空气质量描述性统计

变量	"两会" 前		"两会" 中		"两会" 后	
	均值	标准差	均值	标准差	均值	标准差
AQI	112.5989	65.9408	104.7315	60.0970	111.3270	66.9344
AQI_EMP	112.9093	65.1487	105.9646	60.9772	111.8242	67.2825
PM2.5	81.4166	56.5024	74.9994	51.9799	79.3051	57.6812
PM10	122.9027	79.4035	113.6813	71.7545	121.7347	80.5602
SO_2	46.8105	41.3239	42.8567	37.1500	42.9380	38.4029
CO	1.4993	0.8117	1.4107	0.7252	1.3874	0.7225
NO_2	44.3913	22.8786	43.0527	19.7408	41.7777	20.7520
O_3	68.6086	33.7789	72.0314	39.0235	75.8820	35.6773

资料来源:作者计算。

4.4

实证结果

4.4.1 全样本回归结果

在本章的回归结果中报告的是经过异方差修正的稳健标准误。本章首先进行全样本基本回归,表4-4报告了回归结果。从表4-4第(1)~(2)列中可以看到,如果不包含季节性和节假日调整,"两会"期间的雾霾水平与其他时间没有显著差别,这是因为虽然"两会"期间,雾霾理论上应该更低一些,但"两会"主要集中于1~2月份,而这一时期仍基本属于冬季,雾霾水平高于其他季节,因此在全样本分析中,"两会"效应不容易识别出来。

在表4-4的第(3)~(4)列,本章包含了年份以及每年的第几个月、每年的第几个星期、法定节假日及调休日、每星期内的第几天以及对省会城市的省级"两会"等几个虚拟变量,来对空气污染进行季节性和节假日的调整。回归结果显示,此时,"两会"哑变量的系数显著为负,说明各地"两会"期间的雾霾水平显著低于其他时期。具体而言,以表4-4第(4)列为基准,"两会"期间的AQI较其他时间低了约5.1,相当于样本期雾霾均值的5.7%。在这种每年每地都要召开的"两会"期间,雾霾水平就有如此比例的下降幅度,对于那种特别重大的临时性的政治敏感时期,雾霾水平的临时性下降,只能会更高。

表4-4	全样本回归结果			
	(1) AQI	(2) AQI	(3) AQI	(4) AQI
NPC	−0.8789 (1.1818)	−1.3500 (1.0690)	−5.1798*** (1.1444)	−5.1158*** (1.0030)
TEMP_H	1.3780*** (0.0433)	2.0357*** (0.0504)	2.3227*** (0.0474)	2.2025*** (0.0483)

续表

	（1）AQI	（2）AQI	（3）AQI	（4）AQI
TEMP_L	− 2. 7549 *** (0. 0412)	− 3. 4469 *** (0. 0513)	− 2. 5580 *** (0. 0410)	− 0. 4089 *** (0. 0567)
RAIN	− 10. 8599 *** (0. 2835)	− 6. 1221 *** (0. 2717)	− 7. 3071 *** (0. 2814)	− 3. 5143 *** (0. 2565)
SNOW	− 6. 3459 *** (1. 0541)	− 3. 1391 *** (1. 0067)	− 0. 7361 (1. 0357)	1. 9763 ** (0. 9617)
WIND	− 6. 7364 *** (0. 1696)	− 5. 7513 *** (0. 2267)	− 5. 0078 *** (0. 1675)	− 5. 4392 *** (0. 2157)
地区效应	不含	含	不含	含
季节假日	不含	不含	含	含
N	157 503	157 503	157 503	157 503
R^2	0. 1239	0. 2788	0. 1982	0. 3797

注：① （ ）内数值为回归系数的异方差稳健标准误；② * 、** 和 *** 分别表示 10%、5% 和 1% 的显著性水平。

根据前面的论述，AQI 是根据多个单项污染物浓度经过一定方法组合而成的，因此为了进一步讨论"两会"的召开对单项空气污染物指标的影响，本章分别以各单项污染物的浓度为被解释变量进行回归。此时回归结果见表 4 – 5，从中可以看出，相对于非"两会"时期，"两会"期间的 PM2.5、PM10、SO_2、CO 浓度均显著下降，但 NO_2 和 O_3 浓度没有显著变化。对此，可以从下面几个角度进行解释。

第一，根据 AQI 的构造规则和中国空气污染的特征，影响 AQI 变化趋势的主要就是 PM2.5 和 PM10 等。如图 4 – 3 所示，根据中国环境监测总站提供的监测数据，在 2014 年 1 月至 2016 年 3 月的样本期间内，300 多个城市当中，作为首要污染物，PM2.5 和 PM10 两者合计占到总天数的 70% 以上。而且，在冬天时，这两种污染物作为首要污染物的天数占比会更高。因此，在 1 ~ 2 月"两会"召开的期间，空气污染的治理，首先是对 PM2.5、PM10 等的治理。

第二，在中央政府的空气污染治理考核办法中，也是以大气中 PM2.5

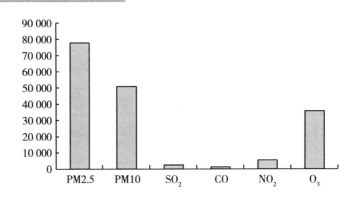

图 4 - 3　2014 年 1 月至 2016 年 3 月 300 多个城市首要污染物天数

资料来源："中国空气质量在线监测分析平台"。

和 PM10 的浓度作为主要的考核依据。例如，根据 2014 年 4 月国务院办公厅下发的《关于印发大气污染防治行动计划实施情况考核办法（试行）的通知》，京津冀及周边地区、长三角区域、珠三角区域以及重庆市以大气中 PM2.5 的年均浓度下降比例作为当地的考核指标，除此以外的其他地区则以大气中 PM10 的年均浓度下降比例作为考核指标。越是纳入考核指标的污染物浓度，在政治敏感时期，地方政府越有激励加大治理力度，从而降低相关指标衡量的雾霾水平。而且，PM2.5、PM10 等也是目前民众最为关注的代表空气质量的指标，从而更有可能成为地方政府在敏感时期临时性治理措施的主要对象。这一点也和现有文献的结论相一致（Liang and Langbein，2015）。

　　第三，这也可能跟单项污染物的形成原因和来源有关。PM2.5 和 PM10 主要来源于燃烧的烟尘、工业粉尘、建筑粉尘、地面扬尘以及其他污染物产生的二次污染物，从而更易通过临时性重视而得到缓解。SO_2 主要来源于燃煤发电厂、工厂燃煤锅炉、工业炉窑燃烧后的排放等，在政治敏感的"两会"期间，无论是地方政府加强监管，还是相关企业自觉减排，都更便于操作。CO 除来源于汽车尾气外，也有很大比例来自各种不完全燃烧物（如锅炉、工业炉窑、内燃机、家庭炉具等），后者易通过短期重视而得到改善。NO_2 主要来源于汽车尾气排放、高温燃烧（锅炉、炉窑）排放等，并不会因为"两会"的召开而有明显的变化。O_3 是一种二次污染物，主要由大气中污染物的光化学反应形成，因此"两会"召开对其没有明显影响，属情理之中。

表 4 – 5 单项污染物浓度回归结果

	（1）PM2.5	（2）PM10	（3）SO$_2$	（4）CO	（5）NO$_2$	（6）O$_3$
NPC	– 4.3011***	– 6.3981***	– 3.1876***	– 0.0556***	– 0.2533	– 0.0193
	（0.8778）	（1.1639）	（0.5246）	（0.0115）	（0.3032）	（0.7442）
N	157 503	157 503	157 503	157 503	157 503	157 503
R^2	0.3641	0.3966	0.5275	0.4533	0.5233	0.4925

注：①（）内数值为回归系数的异方差稳健标准误；② *、** 和 *** 分别表示 10%、5% 和 1% 的显著性水平；③表中同时控制了天气变量、城市固定效应、年度效应、月度效应、星期效应、节假日效应、星期几效应等。

4.4.2 "两会" 前和 "两会" 后的雾霾变化

根据前面的回归结果，可以发现各地区 "两会" 召开期间，空气质量显著改善。然而，这种 "动员式治理" 带来的 "雾霾的临时性改善" 是否有可持续性呢？为考察这一问题，本章可以在方程中增加一些 "两会" 前后的哑变量。具体而言，本章以 5 天为一个单位，设置 "'两会'前 11 ~ 15 天（before 3）"、"'两会'前 6 ~ 10 天（before 2）" "'两会'前 1 ~ 5 天（before 1）" 以及 "'两会'后 1 ~ 5 天（after 1）" "'两会'后 6 ~ 10 天（after 2）" "'两会'后 11 ~ 15 天（after 3）" 等哑变量。并将这些哑变量和 "两会" 哑变量全部放入回归方程，此时意味着以 "两会" 15 天以前以及 "两会" 15 天以后的时期为基准组。

此时的回归结果见表 4 – 6。从表 4 – 6 第（1）~（2）列中可以看到，如果不包含季节性和节假日的调整，"两会" 之前一段时间和 "两会" 后一段时间的雾霾水平，与其他时间相比，会更高一些，而 "两会" 期间与平常时期没有显著差别，这进一步说明在 "两会" 集中召开的冬季或初春，雾霾水平较其他季节更高，但 "两会" 的召开，有可能使得高雾霾天气出现缓解，尽管证据还不足够可靠。在表 4 – 6 的第（3）~（4）列，进一步包含了季节性虚拟变量和节假日变量等后，此时的结论就更加可靠了。此时的回归结果显示,"两会"前雾霾水平已经跟平常时期变化不大,甚至略有下降,同时这也说明通过增加季节假日等虚拟变量后,季节性因素已经得到很好的控制。而"两会"期间的雾霾水平,相对于平常时期,则会显著更低,这跟上文的结果完全一致。不过,更有价值的是关于"两会"后的回归结果。回归结果显示,"两会"过后,雾霾水平迅速上升,超出平常水平一大截。具体而言,在表4-6中,在平均约5天的"两会"召开期间,空气质量指数降低了4.3,但在"两会"刚过后的5天内,空气质量指数却上升了7.4。因此,粗略而言,"两会"召开期间和"两会"召开后,空气质量改善和报复性污染的幅度分别为约4.8%和约8.2%。因此可以说虽然在雾霾治理中这种"动员式治理"的确可以取得一定的效果,创造一种雾霾的临时性改善,但却是以政治事件过后更严重的报复性污染为代价的。"动员式治理"带来的"雾霾的临时性改善"虽然美好,却不可持续。

表4-6　　　　　　　　"两会"前后空气质量指数的变化

	(1) AQI	(2) AQI	(3) AQI	(4) AQI
before 3	16.9265 *** (1.4033)	17.0160 *** (1.2485)	1.3079 (1.4220)	-0.3579 (1.2341)
before 2	11.1276 *** (1.3291)	11.3545 *** (1.1908)	-0.3004 (1.3311)	-1.2053 (1.1547)
before 1	7.6441 *** (1.2096)	7.9719 *** (1.0850)	-1.8575 (1.2037)	-1.8296 * (1.0407)
NPC	1.1866 (1.1865)	0.9858 (1.0738)	-4.1181 *** (1.1732)	-4.2761 *** (1.0270)
after 1	10.4605 *** (1.3113)	10.6469 *** (1.1976)	7.3094 *** (1.2877)	7.4051 *** (1.1236)
after 2	7.0895 *** (1.2479)	7.0880 *** (1.1409)	4.2470 *** (1.2371)	3.7639 *** (1.0893)
after 3	4.3167 *** (1.2008)	4.3040 *** (1.0824)	4.1205 *** (1.2141)	3.3528 *** (1.0419)
天气变量	含	含	含	含

续表

	（1） AQI	（2） AQI	（3） AQI	（4） AQI
地区效应	不含	含	不含	含
季节假日	不含	不含	含	含
N	157 503	157 503	157 503	157 503
R^2	0.1269	0.2818	0.1987	0.3801

注:①（）内数值为回归系数的异方差稳健标准误;②＊、＊＊和＊＊＊分别表示10％、5％和1％的显著性水平;③表中同时控制了天气变量、城市固定效应、年度效应、月度效应、星期效应、节假日效应、星期几效应等。

表 4 - 7 是单项污染物的"两会"前和"两会"后的比较。回归结果显示,"两会"前后,PM2.5 和 PM10 的变化趋势和空气质量指数非常一致,都是在"两会"前夕就开始下降,直至"两会"期间,但"两会"过后有更严重的报复性反弹,SO_2 和 CO 在"两会"之前,也有所下降,但"两会"过后,仍呈微弱的下降趋势,或变化不显著,这更进一步说明"两会"的召开对空气质量的影响,主要发生在 PM2.5 和 PM10 这两个考核更看重、民众更敏感的污染指标上,"两会"过后的反弹也主要体现在这两种污染物上。NO_2 在"两会"前后没有特别一致的变化趋势,说明"两会"对其召开影响不大,而"两会"前后 O_3 水平都更低,则可能仍然跟臭氧水平的冬春季低于夏季的因素有关。

表 4 - 7　　　　　单项污染物"两会"前后的变化

	（1） PM2.5	（2） PM10	（3） SO_2	（4） CO	（5） NO_2	（6） O_3
before 3	- 0.9424 （1.0891）	- 0.9435 （1.4390）	- 1.8848＊＊＊ （0.6294）	- 0.0253＊ （0.0151）	- 0.1350 （0.3480）	- 2.2044＊＊＊ （0.6086）
before 2	- 1.4924 （1.0209）	- 1.2964 （1.3344）	- 2.8805＊＊＊ （0.6075）	- 0.0481＊＊＊ （0.0132）	- 0.6709＊＊ （0.3317）	- 2.0619＊＊＊ （0.6266）
before 1	- 2.6661＊＊＊ （0.8866）	- 2.9051＊＊ （1.2069）	- 2.2011＊＊＊ （0.5741）	- 0.0427＊＊＊ （0.0129）	0.9525＊＊＊ （0.3235）	- 1.8151＊＊＊ （0.6161）

续表

	(1) PM2.5	(2) PM10	(3) SO$_2$	(4) CO	(5) NO$_2$	(6) O$_3$
NPC	−3.8935 *** (0.8982)	−5.5666 *** (1.1977)	−3.8390 *** (0.5430)	−0.0696 *** (0.0119)	0.0758 (0.3098)	−0.5139 (0.7592)
after 1	5.3646 *** (0.9641)	7.7173 *** (1.3127)	−0.8359 (0.5576)	−0.0385 *** (0.0117)	2.0605 *** (0.3096)	0.6281 (0.6244)
after 2	2.5252 *** (0.9462)	4.4859 *** (1.3290)	−0.9242 * (0.5396)	−0.0309 *** (0.0112)	1.4615 *** (0.3101)	−1.1721 * (0.6419)
after 3	2.6024 *** (0.8965)	4.1527 *** (1.2493)	−0.3602 (0.5254)	−0.0018 (0.0123)	0.3299 (0.3021)	−0.7707 (0.6608)
N	157 503	157 503	157 503	157 503	157 503	157 503
R^2	0.3645	0.3969	0.5277	0.4535	0.5236	0.4925

注：①（ ）内数值为回归系数的异方差稳健标准误；② * 、** 和 *** 分别表示 10%、5% 和 1% 的显著性水平；③表中同时控制了天气变量、城市固定效应、年度效应、月度效应、星期效应、节假日效应、星期几效应等。

4.4.3 缩短时间窗口

前面的回归分析中使用了全样本数据，即时间跨度自 2013 年 12 月到 2016 年 3 月。然而，地方"两会"召开时间大多在 1 ~ 2 月，从"两会"召开期间和其他时间的"对照"而言，全样本时间跨度太大，应该缩小样本。另外，根据断点回归的思想，也应该适当缩小窗口期。因此在本部分，本章只保留各地"两会"期间以及"两会"前后各 30 天的样本。此时，由于各地"两会"召开的时间不尽相同，因此各地保留的样本期间也略有差异，但也有很多重叠部分。这样，本章的回归就同时包含双重差分法和断点回归的思想。具体而言，本章设置如下的回归方程：

$$Y_{cd} = \beta_0 + \beta_1 NPC_{cd} + \lambda X_{cd} + \phi_1 trend_d + \phi_2 trendsq_d + \phi_3 trendtr_d + \delta_c + \mu_d + \varepsilon_{cd}$$

$$(4-7)$$

为了更好地解决"两会"的识别问题,这里也使用了断点回归的思想。在"两会"期间,如果能够观察到空气质量在"两会"时期产生突变,则这里有理由认为这一空气质量突变是"两会"这一突变带来的,即"两会"对空气质量有显著影响。而如果无法观察到空气质量的这一突变,那么有理由认为"两会"的召开对空气质量没有显著影响。

此外,根据断点回归的思想,本章还加上了时间趋势项,以进一步控制雾霾随着时间季节变化而出现的渐进变化。由于部分城市的"两会"是在 1 月初,甚至 12 月末举行的,因此,本章时间趋势项的起始时期为 12 月 2 日①。为了进一步对比,参考现有文献的做法,本章在表 4 - 8 中,依次加入时间趋势项的一次项、二次项和三次项。回归结果显示,"两会"期间,空气质量显著改善,且加入不同次方的趋势项对回归系数的影响不大,因此下文中,本章均直接控制时间趋势项的 3 次项。具体而言,表 4 - 8 的回归结果显示,"两会"的召开,可以使空气质量指数下降 4.1,相当于这段时间 AQI 均值的约 4%。对于单项污染物,表 4 - 9 的回归结果也显示,"两会"期间空气质量的改善,主要发生在 PM2.5、PM10、SO_2、CO 上,而"两会"对 NO_2 和 O_3 的影响不大,这跟上文的回归结果是非常一致的。

表 4 - 8 缩短时间窗口回归

	(1) AQI	(2) AQI	(3) AQI	(4) AQI
NPC	- 4.0959 *** (0.9937)	- 4.0763 *** (0.9922)	- 4.0782 *** (0.9921)	- 4.1126 *** (0.9917)
trend		- 0.8399 *** (0.1897)	- 0.7876 ** (0.3694)	0.8089 (0.5836)
trendsq			- 0.0004 (0.0023)	- 0.0264 *** (0.0066)

① 选择 12 月 2 日为起点的另一个原因是因为在本书样本中,大部分城市的空气质量数据起始于 2013 年 12 月 2 日。

续表

	(1) AQI	(2) AQI	(3) AQI	(4) AQI
trendtr				0.0001 *** (0.0000)
N	34 920	34 920	34 920	34 920
R²	0.3872	0.3876	0.3876	0.3878

注：① ( ) 内数值为回归系数的异方差稳健标准误；② *、** 和 *** 分别表示 10%、5% 和 1% 的显著性水平；③表中同时控制了天气变量、城市固定效应、年度效应、月度效应、星期效应、节假日效应、星期几效应等。

表 4 - 9　　　　　　　　缩短时间窗口后的单项污染物回归

	(1) PM2.5	(2) PM10	(3) SO$_2$	(4) CO	(5) NO$_2$	(6) O$_3$
NPC	- 3.2922 *** (0.8746)	- 5.1521 *** (1.1509)	- 1.7312 *** (0.4681)	- 0.0285 *** (0.0111)	- 0.2464 (0.2976)	- 0.3285 (0.6871)
N	34 920	34 920	34 920	34 920	34 920	34 920
R²	0.3710	0.4231	0.6380	0.4704	0.5374	0.3960

注：① ( ) 内数值为回归系数的异方差稳健标准误；② *、** 和 *** 分别表示 10%、5% 和 1% 的显著性水平；③表中同时控制了天气变量、城市固定效应、年度效应、月度效应、星期效应、节假日效应、星期几效应等。

4.5

稳健性分析

4.5.1　空气质量指数 AQI 的稳健性

本章的 AQI 资料来源于非官方网站，根据该网站所述，每日 AQI 数据和 PM2.5 浓度数据是该网站根据当天环境保护总站每小时数据，自动抓取后计算求平均的结果，存在丢失数据场景。因此为了验证上文的实证结果，本章利用国家环保部数据中心《全国城市空气质量日报》发布的每日 AQI 进行稳健性分析。环境保护部提供数据样本跨度为 2014 年 1 月 1 日至 2016 年 3 月 31 日。

简单计算可知，环境保护部 AQI 数据与本章使用的该非官方网站 AQI 数据的相关系数高达 0.97，说明两者之间表现出的趋势是完全一致的。此外，该非官方网站上，还公布了每日内每小时统计的 AQI 的最大值和最小值，本章也将其作为日均 AQI 的替代性指标，进行稳健性分析，回归结果见表 4－10。回归结果显示，无论是环境保护部的 AQI 数据，还是该非官方网站上每天 AQI 的最大值和最小值，也无论是全样本还是 "两会" 前后 30 天时间窗口内的子样本回归，"两会" 的召开都伴随着雾霾水平的显著下降。因此，本章所使用的 AQI 数据是可靠的。

表 4－10　　　　　　　　　　被解释变量 AQI 的稳健性

	(1) AQI_EMP	(2) AQI_EMP	(3) AQI_L	(4) AQI_L	(5) AQI_H	(6) AQI_H
	全样本	前后 30 天	全样本	前后 30 天	全样本	前后 30 天
NPC	-4.1994*** (1.0720)	-3.1624*** (1.0557)	-3.1605*** (0.7757)	-2.8133*** (0.7595)	-7.0515*** (1.5282)	-4.3827*** (1.5349)
N	138 215	29 675	157 503	34 920	157 503	34 920
R^2	0.3293	0.3821	0.3484	0.3622	0.3493	0.3546

注：① ( ) 内数值为回归系数的异方差稳健标准误；② *、** 和 *** 分别表示 10%、5% 和 1% 的显著性水平；③表中同时控制了天气变量、城市固定效应、年度效应、月度效应、星期效应、节假日效应、星期几效应等。

4.5.2　不同时间窗口

根据 Lee 和 Lemieux（2010）的研究，在 RD 回归的稳健性检验中，考察不同时间窗口的结果也是非常必要的。对于本章的数据而言，窗口期太长，会导致因为季节变化等原因，"两会" 期间和非 "两会" 期间，没有对照性；窗口期太短，则会导致因为各地 "两会" 召开的时间不尽相同，使得不同城市之间失去对照性，并且受 "两会" 过后的报复性污染干扰，无法得到关于"两会"召开对空气质量影响的准确估计。

因此，本章分别选取各地"两会"前后 40 天、20 天、15 天、10 天、5 天等窗口期，作为稳健性分析。相应结果见表 4－11。回归结果显示，在大部分不同的窗口期内，"两会"期间空气质量都显著改善。并且从中也可以看到，窗口期越窄，"两会"的系数越显著，绝对值也越大，这可能是"两会"过后的报复性空气污染导致的。同时，在对单项污染物的回归中，也可以看到"两会"期间，雾霾水平的下降也主要反映在 PM2.5、PM10 等民众更关注的首要污染物上，与上文结论相一致。

表 4－11　　　　　　　　不同时间窗口的稳健性

	(1) 前后 40 天	(2) 前后 20 天	(3) 前后 15 天	(4) 前后 10 天	(5) 前后 5 天
AQI	－3.8946*** (0.9761)	－4.6743*** (1.0133)	－5.1773*** (1.0343)	－5.1490*** (1.0713)	－6.5559*** (1.1709)
PM2.5	－3.2535*** (0.8601)	－3.6544*** (0.8927)	－4.1595*** (0.9108)	－4.0618*** (0.9410)	－5.0649*** (1.0199)
PM10	－4.7132*** (1.1345)	－5.5325*** (1.1747)	－6.0842*** (1.1981)	－6.0326*** (1.2371)	－7.8085*** (1.3575)
SO_2	－1.8484*** (0.4616)	－1.5257*** (0.4764)	－1.8786*** (0.4860)	－1.8688*** (0.5072)	－2.5773*** (0.5520)
CO	－0.0353*** (0.0109)	－0.0258** (0.0113)	－5.1773*** (1.0343)	－0.0210* (0.0118)	－0.0289** (0.0129)
NO_2	－0.2909 (0.2922)	－0.3200 (0.3039)	－0.6074** (0.3092)	－0.8280*** (0.3211)	－1.4579*** (0.3493)
O_3	－0.6324 (0.6874)	－0.2719 (0.6949)	－0.2342 (0.7050)	0.4230 (0.7111)	0.7192 (0.7280)

　　注：①该表格显示的是第一列各变量作为被解释变量时的"两会"的回归系数，为了节省空间，本章将多个表格合并成该表格，省略了其他变量。②（ ）内数值为回归系数的异方差稳健标准误；③ *、**和***分别表示 10%、5% 和 1% 的显著性水平；④表中同时控制了天气变量、城市固定效应、年度效应、月度效应、星期效应、节假日效应、星期几效应等。

4.5.3　　"两会"召开时间的反事实检验

　　根据前面分析的逻辑，"两会"召开期间，地方政府和官员更加重视环境保护，相关企业也有激励降低排放，即对雾霾采取"动员式治理"，从而导致空气质量临时性改善。作为一个稳健性分析的方法，事实上还可以人为设置"两会"的召开时间，进行反事实推断。如果这种人为设置的"两会"召开期间，也出现空气质量的临时性改善，那么上文的回归结果就可能是其他未观察到因素所导致的。为人为构造"两会"的召开时间，本章以开幕时间为准，1 月召开"两会"的城市，人为设定其为 2 月同一日期召开，反之，2 月召开"两会"的，则人为设置为 1 月召开。个别其他月份召开"两会"的，则将其剔除。并将这种人为构造的"两会"期间以及该期间前后 30 天时间窗口的样本，纳入回归方程，如上述回归方法一样，进行回归。回归结果如表 4 - 12 所示，在这些回归结果中，空气质量指数和大部分单项污染物浓度，在人为构造的"两会"期间，较该段时间前后，没有明显的变化，这一反事实推断也反证了上文结论的可靠性。

表 4 - 12　　　　　　　　　人为设置的"两会"召开时间

	(1) AQI	(2) PM2.5	(3) PM10	(4) SO_2	(5) CO	(6) NO_2	(7) O_3
NPC_ pseudo	- 1.5931 (1.1721)	- 1.5458 (1.0187)	- 0.5941 (1.4432)	1.0894 ** (0.5443)	- 0.0019 (0.0123)	0.0369 (0.3381)	1.3000 * (0.7307)
N	29 470	29 470	29 470	29 470	29 470	29 470	29 470
R^2	0.3995	0.3793	0.4317	0.6324	0.4944	0.5333	0.3413

　　注：①该表格显示的是第一列各变量作为被解释变量时的"两会"的回归系数，为了节省空间，本章将多个表格合并成该表格，省略了其他变量。②（ ）内数值为回归系数的异方差稳健标准误；③ *、**和***分别表示 10%、5% 和 1% 的显著性水平；④表中同时控制了天气变量、城市固定效应、年度效应、月度效应、星期效应、节假日效应、星期几效应等。

4.5.4　减排治霾还是"数据治霾"

　　学界中对中国的空气质量数据诟病很多，一些学者认为中国官方会伪造空气质量数据。例如，之前 Andrews（2008）就发现北京 API 位于 96 ~ 100 的天数明显高于 API 位于 101 ~ 105 的天数，而 API 是否低于 100 是 2012 年以前中国环境保护部门定义"蓝天"的主要标准。Chen 等（2012）、Ghanem 和 Zhang（2014）基于更多城市及更精巧的计量方法也发现了类似的结论。因此，一个自然的疑问就是，地方"两会"期间，究竟是"动员式治理"的节能减排导致雾霾水平下降，还是人为的数据伪造导致的虚假的蓝天数据。

为了排除"数据治霾"对本章结论的可能干扰，本章将更容易激励数据造假的 AQI 区间删除。由于 AQI 大于还是小于 100 是定义是否蓝天的门槛，而空气质量数据的伪造又不能太偏离事实，因此本章剔除 AQI 在 100 附近的数据。具体而言，本章分别删除 AQI 位于 95 ~ 105、90 ~ 110、80 ~ 120 的三个区间，相应的回归结果见表 4 - 13。回归结果显示，剔除 AQI 易造假区间后的回归结果仍然是显著的，因此可以认为"两会"期间，地方政府的确通过临时性的节能减排，即"动员式治理"，来创造临时性的"雾霾的临时性改善"。

表 4 - 13　　　　　　　去掉易数据造假的 AQI 区间

	（1）去[95,105]全样本	（2）去[95,105]前后30天	（3）去[90,110]全样本	（4）去[90,110]前后30天	（5）去[80,120]全样本	（6）去[80,120]前后30天
NPC	-5.2960***（1.0738）	-11.0538***（1.0726）	-5.6085***（1.1436）	-11.3548***（1.1405）	-6.1873***（1.3036）	-11.5417***（1.2921）
N	146 492	59 743	136 313	54 209	115 476	44 545
R²	0.3943	0.3401	0.4088	0.3617	0.4445	0.4090

注：①（）内数值为回归系数的异方差稳健标准误；② *、**和***分别表示 10%、5% 和 1% 的显著性水平；③表中同时控制了天气变量、城市固定效应、年度效应、月度效应、星期效应、节假日效应、星期几效应等。

4.6

本章小结

在政治敏感时期，中国地方政府往往会进行动员式、政治性动员，甚至采取临时性管制措施，来治理环境污染，营造碧水蓝天的和谐景象。2008 年的北京奥运会、2014 年的 APEC 会议以及 2015 年的纪念反法西斯胜利阅兵期间，这种动员式、短暂的"政治性蓝天"都曾出现过，似乎已经成为中国各级政府空气污染治理的一大法宝。然而，中国各级政府经常倚重的这种临时管制性措施，即"动员式治理"产生的雾霾临时性改善，其可持续性是非常可疑的。

　　本章通过中国 189 个城市 2013 年 12 月至 2016 年 3 月的日度空气质量指数（AQI）以及合成空气质量指数的单项污染物浓度数据进行了实证研究。研究发现：第一，各城市"两会"期间，空气质量显著改善，这说明"动员式治理"和"雾霾的临时性改善"不仅仅只出现在关乎"国际形象"的阅兵和国际会议期间，而是各地环境污染治理的形象工程的常规性举措。第二，本章对构成雾霾的单项污染物浓度的回归结果也显示，"两会"期间空气质量的改善主要发生在 PM2.5、PM10、SO_2 等考核更重视、民众更关注的污染指标上，而对于 NO_2 和 O_3 等污染指标，召开"两会"的影响就不怎么显著。这充分说明，这种"动员式治理"和"雾霾的临时性改善"完全是一个地方政府应付上级和民众的形象工程。第三，本章的实证结果还发现，部分空气质量指标的改善实际上在"两会"召开前就已经开始了，而在"两会"过后，空气质量迅速恶化，恶化的幅度比"两会"期间的改善还要大。换言之，这种依赖短期重视环境保护的"动员式治理"创造的"政治性蓝天"，是以政治事件过后更严重的报复性污染为代价的。"政治性蓝天"虽然美好，却没有可持续性。

　　当前，依然严峻的空气污染严重影响了中国民众的健康，本章的研究结论显示，实现碧水蓝天，不能指望这种政治性动员、动员式管制造就的"政治性蓝天"。由于市场失灵，解决雾霾问题，政府的作用不可或缺，特别是地方政府的作用。如果将空气污染治理当成一种在特殊时期用来装点门面的政绩工程，通过临时性的重视，甚至"动员式治理"创造一种暂时的"政治性蓝天"，在中国特殊的政治经济环境下，这是非常容易通过"领导高度重视"来实现的。但本章的研究结论显示，这种短期重视造就的"政治性蓝天"，往往是以政治事件过后更严重的报复性污染为代价的，因此不仅不能有效治理雾霾，还有副作用。

　　因此，必须清醒地认识雾霾的完全治理绝非短期内就可以全部实现的，中国雾霾高发可能还将持续很长一段时间，因此必须有长效的制度安排，而不是短期政治热情。因此，应变雾霾对"动员式治理"为常态监管。在环境保护执法上，应该加大环境保护部门在处罚污染单位时的权限，使环境保护走上常态化轨道，而不是现在这样的动员式、行政命令式执法。在产业转型上，要切实稳妥地淘汰落后产能，并将这项工作同地方政府的政绩考核相挂钩，而不是平常放任不管，敏感时期暂时停产以应付检查。在治理机制上，要完善空气质量监测体系和考核指标，建立快捷高效的空气质量发布体系和预警机制，出台应急措施，应对雾霾等重度空气污染。

第 5 章

"动员式治理" Ⅱ：环保部
"约谈" 与空气污染治理①

5.1

引言

改革开放四十年以来，中国在经济发展方面取得了巨大成就，但是源于以"经济建设为中心"的政治环境，地方政府围绕经济增长开展了激烈的竞争，产生了粗放的经济发展模式，也导致了严重的环境污染问题，包括严重的空气污染问题。据 2015 年《中国环境状况公报》统计，全国 338个地级以上城市中，有 265 个城市的环境空气质量超过国家二级标准，占78.4%。根据亚洲开发银行的报告，在中国的大城市当中，满足世界卫生组织建议的空气质量标准的城市不足 1%（Zhang and Crooks，2012）。严重的空气污染对中国居民健康产生了极大危害，据估计，在中国，2001 年由于空气污染而导致的过早死亡人数为 41.8 万每年，而到了 2010 年，这个数字则增加至 51.4 万每年。而世界卫生组织全球疾病负担的研究数据表明，2010 年中国过早死亡人数为 120 万人（Health Effects Institute，2010）。Chen 等（2013）的研究显示，中国北方地区严重的雾霾天气导致当地居民平均寿命缩短了 5.5 年。

由于环境的非竞争性和非排他性，市场在调节污染治理投入问题上会

---

① 本章内容发表在《统计研究》2017 年第 10 期，第 88—97 页，原文标题为《环保部约谈与环境治理：以空气污染为例》。

出现失灵，因此由政府提供优质环境这一公共产品成为一个普遍的选择。而中国当前的政治经济体制，使得地方政府处于中央政府和企业和居民之间，实际上担任着一种中间人的角色。地方政府负责具体执行中央政府制定的各种环境保护政策以及环保资金使用的具体渠道和方式。在最新修订的《环境保护法》中，环境保护的战略地位被特别强调，而且尤其突出强调了"地方各级人民政府应当对本行政区域的环境质量负责"，《大气污染防治法》第三条规定"地方各级人民政府对本辖区的大气环境质量负责，制定规划，采取措施，使本辖区的大气环境质量达到规定的标准"。

然而，虽然中央政府强调环境保护应该是地方政府的主要职责，但加强环境保护工作并不一定符合地方政府和官员的利益。特别是在长期强调"以经济建设为中心"的政治背景下，地方官员有激励牺牲环境，以促进经济增长（周黎安，2007；Jia，2012）。因此，为了治理严峻的环境污染问题，特别是为了督促地方政府更加重视环保工作，中国的环保部门近年来采取了一系列行动，包括在 2014 年建立"约谈"制度，即环保部门约见未履行环保职责或履行职责不到位的地方政府及其相关部门有关负责人。本章主要研究目的即从空气污染治理角度评估这一环保约谈制度的效果。

一个城市被约谈，往往是因为环境治理方面存在某些问题，因此评估环保约谈制度的效果，就不能不注意方法的选择，主要是内生性的处理，一般的 OLS 回归可能存在自选择和反向因果偏误。此外，就本章主要评估对象——环保部约谈城市政府主要负责人对空气质量的影响而言，影响空气质量的因素很多，如果忽略了关键解释变量，容易导致遗漏变量偏误。断点回归（Regression Discontinuity，RD）可以有效处理内生性问题。本章利用约谈城市的空气质量数据，包括 AQI 以及单项污染物（PM2.5、PM10、SO_2、CO、NO_2、O_3）浓度数据，采用断点回归的方法分析了约谈政策的实施对当地空气质量的影响。回归结果显示，如果该城市是因为空气污染原因被约谈，那么环保部的约谈带来的空气污染治理效应就非常明显，雾霾水平显著下降，但如果该城市并不是因为空气污染原因而被约谈，那么环保部的约谈对空气污染治理就没有效果。对单项污染物的考察还发现，约谈对空气污染治理的效果主要体现在 PM2.5 和 PM10 上，这也是空气污染治理考核的主要指标。因此，地方政府对环保约谈制度的响应为约谈什么就治理什么，处于一种被动应付的状态，而不是积极主动地加强环保工作。并且，进一步的分析还发现约谈只有非常短期的效果，约谈过后不久，空气污染就恢复原状，约谈的空气污染治理效果没有可持续性。这说明，在约谈过后，地方政府很可能采取了 "动员式治理" 的治理模式，这一 "动员式治理" 产生了雾霾的临时性改善，但这种临时性改善并不具备可持续性。

本章后续部分安排如下：第二部分是制度背景和文献的介绍；第三部分阐明研究设计和主要数据，给出描述性统计；第四部分是针对空气质量指数的主要回归结果和稳健性分析；第五部分是针对单项污染物和约谈效果可持续性的进一步讨论；第六部分总结全书。

5.2

制度背景和文献综述

随着经济发展水平的提高，中国民众环境保护意识也逐渐提高，对政府加强环境保护提出了越来越高的期待和要求。而政府也确实越来越强调环境保护工作，特别是中央政府，提出了诸如科学发展观、生态文明建设等发展理念。同时中央政府也越来越将节能减排作为地方政府和官员考核的重要依据，例如，国务院于 2005 年 12 月下发《关于落实科学发展观加强环境保护的决定》，首次明确将环保工作纳入地方官员的政绩考核体系中，将环保绩效也作为对地方官员选拔奖惩的重要依据之一。2013 年 9 月国务院印发的《大气污染防治行动计划》也明确提出，2017 年中国地级及以上城市 PM10 浓度应比 2012 年下降 10%，优良天数逐年提高。2016 年 3 月全国人民代表大会通过的《国民经济和社会第十三五个五年规划纲要》，进一步提出 "十三五" 期间（2016～2020 年）地级及以上城市重污染天数减少 25%，到 2020 年优良天数比率超过 80%。

然而，虽然民众和中央政府对地方政府加强环保工作提出了更高期待和要求，但地方政府和官员也有其自身利益，并不必然会把更多资源投入到环境治理上。中国施行的是政治集权、经济分权的体制（Xu，2011），中央政府根据地方官员的政绩来进行选拔，基础设施、GDP 增长比环境保护更容易成为政绩考核的主要标准，在这种情况下，地方政府和官员就有激励牺牲环境保护以促进当地的经济增长（周黎安，2007；Jia，2012；Wu et al.，2014）。例如，有文献就研究发现当地方的经济增长绩效较差时，当地的环境污染事故就会更加频发（于文超和何勤英，2013）。而且在这种政绩观下，更多的政治资源有助于承接更多的污染产能，从而带来更多的污染（徐现祥和李书娟，2015）。更糟的是，地方政府和官员还可能和当地企业进行合谋，从而带来更严重的环境污染（龙硕和胡军，2014），只有在某些特殊敏感时期，这种政企合谋才会有临时性的减弱（聂辉华和张雨潇，2015）。在这一逻辑下，也有文献发现，地方政府的主要官员在该地方任职的时间越长，他们就越容易和污染企业之间建立起人际关系网络，从而有可能放松对当地企业的监管标准，尤其是对非法排污行为甚至可能采取纵容的态度，导致更严重的环境污染（梁平汉和高楠，2014）。

因此，为了制衡、监督地方政府，中央政府加大了环保法规建设和环保管理体制改革。加强环保法规的权威性是确保环保工作有效性的前提（包群等，2013；陈刚和李树，2013），而最近几年中央加快了环保法规的修订进度，环保法规的权威性也大幅提高①。Zheng 等（2014）发现，在中央和公众对地方政府加强环境保护的要求和期待下，节能减排已经和经济增长一样，成为影响地方官员晋升的考核依据。黎文靖和郑曼妮（2016）基于中国地级市空气质量指数和地级市层面统计数据，研究发现空气质量影响到了官员的晋升概率，而且当空气治理压力大时，迫于环保压力，各地会减少对固定资产的投资，增加对环境污染治理方面的投资。而且中央政府也越来越强调环保部门的权威，特别是上级环保部门对下级政府的监督制衡。"一票否决""党政同责""一岗双责"等环保制度的出台，使得 2008 年才由环保总局升格的环保部的发言权越来越强。而且，为有效督促地方政府加强环保工作，借鉴中国传统政治智慧和现代政治实践，环保部门还出台了"约谈"的制度。这是环保部门在环境保护领域所

① 新修订的《环保法》和《大气污染防治法》分别于 2015 年 1 月 1 日和 2016 年 1 月 1 日起开始施行。

进行积极尝试的一种创新性的环境监督管理方式。在环保部推出中央版的约谈制度之前，部分省级和县市级政府已经对此进行了一些探索（王利，2014）。根据 2014 年 5 月环保部印发的最新管理办法，所谓约谈，即环保部直接对未履行环保职责的地方政府有关负责人进行约见谈话，目的在于督促其履行环保职责[①]。该约谈制度规定"没有落实国家环保法规或没有完成环保任务"等十一种情形出现时，环保部门应该进行约谈[②]。并且，根据该办法，与之前地方环保部门的约谈制度（王利，2014）和其他领域的约谈制度（胡明，2015）不同，中央环保部门约谈的主要对象是地方政府主要负责人。

对环保部约谈的环境治理效果的评估，也有助于我们理解正在进行的环境管理体制改革工作。虽然从环保法规和污染治理目标制定而言，中国的中央政府拥有很高的权威（Gilley，2012），但实际上中国的环保工作是属地化管理的，各级环保部门主要对本级党政领导负责，导致上级环保工作的目标和政策，都必须依赖于下级政府，进而有可能被曲解和漠视（Lo，2015；练宏，2016）。"十三五"规划纲要提出要"实行省级以下环保机构的监测监察执法的垂直管理制度"，但是对于综合性环保工作，无论是最新修订的环保法规，还是"十三五"规划纲要，都提出要"切实落实地方政府环境责任"，这可能是因为环保是一个综合性工作，需要各部门的配合，很难与地方政府承担的其他任务分隔开（杜万平，2006；尹振东，2011；祁毓等，2014）。在这种情况下，"十三五"规划纲要中提出要

---

① 原文参见 2014 年 5 月环境保护部印发的《环境保护部约谈暂行办法》第 2 条："约谈是指环境保护部见未履行环境保护职责或履行职责不到位的地方政府及其相关部门有关负责人，依法进行告诫谈话、指出相关问题、提出整改要求并督促整改到位的一种行政措施"。

② 具体为：（1）未落实国家环保法律、法规、政策、标准、规划，或未完成环保目标任务行政区内发生或可能发生严重生态和环境问题的；（2）区域或流域环境质量明显恶化，或存在严重环境污染隐患，威胁公众健康、生态环境安全或引起环境纠纷、群众反复集体上访的；（3）行政区内存在公众反映强烈、影响社会稳定或屡查屡犯、严重环境违法行为长期未纠正的；（4）未完成或难以完成污染物总量减排、大气、水、土壤污染防治和危险废物管理等目标任务的；（5）触犯生态保护红线，对生物多样性造成严重威胁和破坏的；（6）行政区内建设项目环境违法问题突出的；（7）行政区内干预、伪造监测数据问题突出的；（8）行政区内影响环境独立执法问题突出的；（9）行政区内发生或可能继续发生重特大突发环境事件，或者落实重特大突发环境事件相关处置整改要求不到位的；（10）核与辐射安全监管有关事项需要约谈的；（11）其他需要环境保护部进行约谈的。

"开展环保督察巡视",这是在目前环境管理体制基本格局未能改变情况下,对环境污染属地化治理的一种"矫正"。而中央(上级)环保部门直接约谈地方(下级)党政领导,也是这种"督察巡视"方法的重要体现,因此评估环保约谈政策实施对空气污染,尤其是雾霾治理的效果,对改革和完善中国环境管理体制,积累环保督察经验,具有一定的现实意义。目前,虽然有一些文献总结了环保约谈的实践,但一般是从法规完善(王利,2014)或个案总结(葛察忠等,2015)等角度进行论述,对环保约谈的污染治理效果尚缺乏严格的实证分析。

5.3
研究设计和数据

5.3.1 计量方程

断点回归方法的核心思想是,它将政策变量视为一个突然发生了改变的变量,因此通过采用某些方法将这一政策变量与其他没有发生改变的连续变化的变量(包括能够被观察到和无法被观察到的变量)的影响相剥离,从而对该政策实施产生的影响加以准确识别。断点回归常用来评估政策,在空气污染的文献中已被广泛使用。这支文献广泛以时间为断点,考察在某事件发生时间之前和之后的空气质量是否发生突变(Davis,2008;Viard and Fu,2015;曹静等,2014;梁若冰和席鹏辉,2015)。使用断点回归的思想对约谈政策进行评估时,若能够观察到空气质量在约谈政策实施前后发生突变,并且其他影响因素又是连续变化的,就有理由认为这一空气质量突变是由约谈导致的,即约谈有空气污染治理效应,若空气质量的这种突变无法被观察到,则可以认为约谈政策并没有起到改善当地空气质量的效果。

$$AQI_{cd} = \beta_0 + \beta_1 YUETAN_{cd} + \beta_2 f(x) + \beta_3 YUETAN_{cd}f(x) + \lambda X_{cd} + \delta_c + \mu_d + \varepsilon_{cd}$$

$$(5-1)$$

其中,下标 c 表示该数据相应的城市,下标 d 表示该数据相应的日期

（年、月、日）；AQI_{cd} 为城市 c 在日期 d 的空气质量指数；$YUETAN_{cd}$ 为代表环保部约谈的虚拟变量，c 城市在约谈日期 d 之后为 1，之前为 0。x 是执行变量，用来表示距离约谈的天数，即约谈当天 x 取值为 0，约谈之后 x 取值为正数，约谈之前 x 取值为负数，f(x) 则为 x 的函数。此外，本章也加入了其他天气因素，作为控制变量 X_{cd}，天气变量主要包括最高最低气温、是否下雨（哑变量）、是否下雪（哑变量）以及风力大小等，以控制天气对空气质量的影响。δ_c 为地区哑变量，反映各地在短时间内不会发生变化的地区固定效应。μ_d 是一组时间固定效应，主要包括：年份哑变量、年份中第几个月哑变量、年份中的第几个星期哑变量等，主要用来控制季节性因素对雾霾的影响；以及法定节假日、星期当中的第几天哑变量等，主要用来控制人类工作时间安排对空气污染的影响。空气质量深受人类生产、生活的影响，但生产性污染和生活性污染又可能存在差异，通过引入节假日和一周七天的虚拟变量，可以对此因素进行初步排除。ε_{cd} 为随机扰动项。

在式（5-1）中，本章主要关心的系数是 β_1，其捕获了环保部约谈前后 AQI 的差异。此处使用 RD 回归的好处有三点：第一，由于 RD 回归中处理组和控制组是同一城市 c，因此它能够避免其他正常估计方法中存在的两种分组难以匹配的弊端；第二，在时间窗口设定较小的情况下，可能影响空气质量变化的其他变量，几乎不会发生大幅度变化，因而 RD 方法也可以避免遗漏变量问题；第三，RD 方法的估计更接近于随机试验，因为当两组样本在断点处无限接近时，由样本选择的非随机性而带来的偏误，以及由可能的遗漏变量而带来的偏误，都变得不再严重，因而可以被忽略掉。此时断点回归估计的是局部处理效应（Local Average Treatment Effect，LATE）。

5.3.2 资料来源

雾霾是指各种排放源产生的气体和颗粒物等污染物，其中硫氧化物（主要是 SO_2）、氮氧化物（主要是 NO_2）和可吸入颗粒物是雾霾的主要组成成分。颗粒物的英文缩写为 PM（Particulate Matter），其中 PM2.5 就是直径小于等于 2.5 微米的污染物颗粒,其在中国被称作细颗粒物,也可被称为可入肺颗粒物。PM2.5 既是一种污染物,又是其他有毒有害物质,如重金属、多环芳烃等的载体,其对人类健康和空气质量的危害都十分巨大。

2012 年,中国环境保护部通过了新修订的《环境空气质量标准》(GB3095 - 2012)以及《环境空气质量指数(AQI)技术规定(试行)》(HJ633 - 2012)。相对于之前的 API,现行的空气质量指数(Air Quality Index,AQI)主要改变在于:第一,新增细颗粒物(PM2.5)和臭氧(O_3)等几个单项污染物数据;第二,报告的频率由每天增加到了每小时。在新的标准下,各城市需要向环境保护部下属的中国环境监测总站报告该城市各个监测站每小时的六类单项污染物数据,然后再由中国环境监测总站在其官方网站上向公众公布。

但一般而言,更受关注和使用率更高的仍然是每日的 AQI 指数。日度 AQI 指数数据是根据各单项污染物浓度的指数数据标准化计算而来,以代表各个城市每日的空气质量。具体而言,日度 AQI 按照以下步骤计算所得:(1)计算该城市所有监测站 24 小时六类单项污染物的平均浓度。(2)每日单项污染物 P 的空气质量分指数按照式(5 - 2)计算:

$$IAQI_p = \frac{IAQI_u - IAQI_l}{BP_u - BP_l}(C_p - BP_l) + IAQI_l \qquad (5-2)$$

其中,BP_u 和 BP_l 分别是单项污染物浓度 C_p 相近的浓度限值的高位值和低位值[①],$IAQI_u$ 和 $IAQI_l$ 则分别代表与 BP_u 和 BP_l 相对应的空气质量分指数。(3)日度 AQI 是六个分指数的最大值,计算公式如下:

$$AQI = \max\{IAQI_{PM2.5}, AQI_{PM10}, AQI_{SO_2}, AQI_{CO}, AQI_{NO_2}, AQI_{O_3}\} \quad (5-3)$$

根据该计算方法,AQI 取值范围为 0 ~ 500,AQI 的数值越大,代表其空气质量越差。此外,现行的空气质量标准还根据 AQI 的取值区间,被划分为六个等级:优(0 ~ 50)、良(51 ~ 100)、轻度污染(101 ~ 150)、中度污染(151 ~ 200)、重度污染(201 ~ 300)和严重污染(301 ~ 500)。

本章采用的空气质量数据主要有两类,约谈城市的空气质量指数来自于环

---

① 具体对照表详见环保部的《环境空气质量指数(AQI)技术规定(试行)》(HJ633 - 2012)。

境保护部官方网站上公布的日度 AQI①，时间跨度是 2014 年 1 月 1 日至 2016 年 6 月 30 日②。此外，网络已经成为人们获得雾霾数据的首要渠道，很多网站都会自发公布相关数据。对于其中的部分城市，本章还采用了"中国空气质量在线监测分析平台"提供的各类单项污染物在大气中的日平均浓度数据③。

根据从环保部官网、中国环境报以及搜索引擎的检索，本章共整理了 27 个被约谈城市的名录，如表 5 - 1 所示④。由于衡阳市和六盘水市缺少相

表 5 - 1   约谈城市一览表

约谈城市	约谈时间	是否因空气污染	约谈城市	约谈时间	是否因空气污染
衡阳市	2014 - 09 - 15	否	资阳市	2015 - 06 - 01	否
六盘水市	2014 - 10 - 13	是	马鞍山市	2015 - 06 - 18	否
安阳市	2014 - 11 - 04	是	郑州市	2015 - 07 - 28	是
沈阳市	2014 - 12 - 30	否	南阳市	2015 - 08 - 23	是
哈尔滨市	2014 - 12 - 30	是	百色市	2015 - 08 - 28	是
昆明市	2014 - 12 - 30	否	张掖市	2015 - 09 - 29	否
长春市	2015 - 02 - 03	否	海西自治州	2015 - 11 - 03	否
沧州市	2015 - 02 - 08	是	德州市	2015 - 12 - 10	是
临沂市	2015 - 02 - 25	否	长治市	2016 - 04 - 28	是
承德市	2015 - 02 - 26	是	安庆市	2016 - 04 - 28	是
驻马店市	2015 - 03 - 25	否	济宁市	2016 - 04 - 28	是
保定市	2015 - 04 - 02	否	商丘市	2016 - 04 - 28	是
吕梁市	2015 - 05 - 12	是	咸阳市	2016 - 04 - 28	是
无锡市	2015 - 05 - 16	否			

资料来源：作者根据"约谈"新闻稿整理。

---

① 中华人民共和国环境保护部数据中心，网址：http：//datacenter. mep. gov. cn/report/air_ daily/air_dairy. jsp.

② 当然，在不同时间带宽的断点回归中，使用的样本数是不一样的，详见下文回归表格。

③ "中国空气质量在线监测分析平台"，网址：http：//www. AQIstudy. cn/historydata/.

④ 除这些城市外，北京城市排水集团有限责任公司，以及内蒙古锡林郭勒草原、河南小秦岭、宁夏贺兰山、山东长岛、广东丹霞山等几个自然保护区也曾被环保部约谈过，但因为缺少合适的匹配数据，因而没有纳入相关分析。

应的雾霾数据，因此实证分析中共使用了 25 个城市的样本，其中 14 个城市因为空气污染原因被约谈（约谈原因中提到空气污染相关说法即视为因空气污染原因被约谈），其他 11 个城市则不是因为空气污染原因被约谈，在本章这 11 个城市主要用于对比分析。我们可以看出约谈城市主要位于华北和华中地区。

由于气象条件，例如降雨、气温、风力等都是影响雾霾的重要因素，因此本章也控制了气象数据。气象数据来自"2345 天气网"提供的城市历史天气数据[①]，具体包括最高气温（TEMP_H）、最低气温（TEMP_L）、是否有雨（RAIN）、是否有雪（SNOW）和风力大小（WIND）等几个变量，其中风力大小是根据风力等级刻画的序数变量。法定假日及调休日（HOL-IDAY）主要是为了控制假期与非假期对空气质量的影响，数据根据国务院办公厅每年发布的节假日安排通知整理得到。

5.3.3 统计分析

表 5－2 是其他主要变量的描述性统计。从中可以看出，空气质量指数 AQI 均值约为 104，但均值掩盖了雾霾在不同城市、不同时间之间的巨大差异，这通过空气质量指数的标准差和最大最小值，也可以管窥一二。

表 5－2　　　　　　　　　主要变量的描述性统计

	单位	样本量	均值	标准差	最小值	最大值
AQI	指数	18 788	104.084	58.893	13.000	500.000
PM2.5	微克/立方米	14 056	72.190	57.166	0.000	1 078.000
PM10	微克/立方米	14 056	123.298	79.704	0.000	912.400
SO_2	微克/立方米	14 056	40.725	36.774	2.400	334.900
NO_2	微克/立方米	14 056	43.353	19.926	0.000	177.500
CO	毫克/立方米	14 056	1.367	0.849	0.000	17.890
O_3	微克/立方米	14 056	103.310	54.019	5.000	457.000

---

① "2345 天气网"，网址：http://tianqi.2345.com/.

续表

	单位	样本量	均值	标准差	最小值	最大值
TEMP_H	摄氏度	18 987	18.409	11.139	− 21.000	40.000
TEMP_L	摄氏度	18 987	8.061	11.291	− 33.000	29.000
RAIN	哑变量	18 987	0.262	0.440	0.000	1.000
SNOW	哑变量	18 987	0.030	0.170	0.000	1.000
WIND	序数变量	18 987	1.312	0.577	0.000	4.000
HOLIDAY	哑变量	18 987	0.081	0.273	0.000	1.000

5.4

实证结果

5.4.1 基准回归结果

在本章回归结果中报告的均是经过异方差修正的稳健标准误。对于时间窗口，本章选择各城市被约谈日期前后 30 天。对于执行变量，为了进一步进行对比，参考现有文献做法，本章依次加入时间趋势项的一次项、二次项以及三次项。在回归中，包含了地区固定效应以及年份、每年的第几个月、每年的第几个星期、法定节假日及调休日、每星期内的第几天等几个虚拟变量，来对空气污染实施季节性和节假日的调整，表 5 – 3 为其回归结果。此外，表 5 – 3 第（1）~（3）列为常时间趋势，即不包含约谈政策变量与多项式的交互项，而表 5 – 3 第（4）~（6）则将这一交互项包含在内，即允许约谈政策实行前后的时间趋势发生改变。回归结果显示，无论是常时间趋势还是变时间趋势，环保部约谈对空气质量都有负向影响，但显著性不是很理想。这说明在有效控制了处理组和对照组的匹配问题后，从全体约谈城市角度综合而言，环保部约谈的治霾效果并不明显。

表 5 – 3   RD 回归结果

	(1) AQI	(2) AQI	(3) AQI	(4) AQI	(5) AQI	(6) AQI
	常时间趋势			变时间趋势		
YUETAN	– 2.627 (6.248)	– 2.558 (6.232)	– 12.844* (7.435)	– 2.641 (6.214)	– 17.338** (8.266)	– 16.487 (11.805)
TEMP_H	2.490*** (0.497)	2.494*** (0.497)	2.519*** (0.493)	2.489*** (0.498)	2.475*** (0.498)	2.469*** (0.497)
TEMP_L	1.802*** (0.651)	1.800*** (0.651)	1.791*** (0.646)	1.803*** (0.651)	1.798*** (0.647)	1.763*** (0.646)
RAIN	2.056 (2.967)	2.017 (2.976)	2.211 (2.957)	2.061 (2.975)	2.174 (2.968)	2.403 (3.006)
SNOW	– 17.803** (7.463)	– 17.802** (7.461)	– 17.201** (7.442)	– 17.803** (7.466)	– 17.263** (7.438)	– 17.133** (7.460)
WIND	– 9.435*** (2.915)	– 9.423*** (2.912)	– 9.861*** (2.967)	– 9.436*** (2.912)	– 9.785*** (2.954)	– 9.824*** (2.988)
时间趋势	一次项	二次项	三次项	一次项	二次项	三次项
地区效应	含	含	含	含	含	含
季节假日	含	含	含	含	含	含
N	1 491	1 491	1 491	1 491	1 491	1 491
R^2	0.528	0.528	0.530	0.528	0.531	0.531

注：① ( ) 内数值为回归系数的异方差稳健标准误；② *、** 和 *** 分别表示 10%、5% 和 1% 的显著性水平。

5.4.2 不同约谈原因的对照

根据表 5 – 1 的总结，不同城市被约谈的原因并不一样，基于本书的研究目的，本章将被约谈的原因划分为因为空气污染原因被约谈和非因为空气污染原因被约谈两组。表 5-4 将这两组城市分别纳入回归中，表 5-4 第（1）~（3）列为因空气污染原因被约谈城市的回归结果，从中看出三个结果均显著为负，特别是二次项和三次项的结果，数值差异也不大。这说明，对于那些由于空气污染的原因而被环保部约谈的城市，环保部约谈对该城市的空气污染治理就产生了效果。

根据上文所述，在环境工作属地化管理的体制下，环保工作被赋予了地方政府，然而加强环保工作，又不一定符合地方政府的利益，特别是在环境保护可能有损当地经济增长的可能下。然而，虽然在较长的时间段内，例如全年或其整个任期内，地方官员可能会相对而言更重视经济增长，而忽视甚至牺牲环境，但在某些特殊时期，在更短的时间窗口内，地方政府和官员可能就会相对更重视环境治理。环保部的约谈就创造了这种时机，根据新闻报道，在约谈会上，地方主要官员全都是"痛下决心"地要加大环境治理力度，甚至会采取动员式的治理。例如，据新闻报道，陕西省咸阳市 2016 年 4 月 28 日被环保部约谈后，第二天就开展了大气污染集中整治工作，一大批违法企业被处罚。其他城市也有类似的新闻，这说明环保部约谈至少在短期内还是会有效果的，特别是对空气污染这种靠"动员式治理"在短期内就可以实现快速改善的环保领域。

而作为对照的表 5-4 第（4）~（6）列回归结果则显示，如果不是因为空气污染原因被约谈，则没有明显的治霾效应。这说明地方政府对环保部约谈的政策是"约谈什么就治理什么"：因为空气污染原因被约谈，就治理空气污染；不是因为空气污染原因被约谈，就不治理空气污染。这与现有文献的结论也是非常一致的，Liang 和 Langbein（2015）的研究就发现，如果环境绩效考核目标明确责任到位，且民众可见度高，污染治理效果就会很好，如大气污染，而如果未纳入环境保护考核的污染指标，就完全不被重视。而李静等（2015）也发现"十一五"和"十二五"期间针对边界地区高污染采取的针对性举措，减排效果也仅体现在纳入考核指标的化学需氧量和氨氮等污染物。

在进行回归估计的同时，也可以根据断点附近的散点图进行简单的绘

表5-4 因空气污染原因被约谈和非因空气污染原因被约谈

	（1）AQI	（2）AQI	（3）AQI	（4）AQI	（5）AQI	（6）AQI
	因空气污染被约谈			非因空气污染被约谈		
YUETAN	- 15.905 * (9.579)	- 48.337 *** (13.823)	- 41.188 ** (17.599)	7.225 (7.625)	8.118 (10.866)	13.669 (14.168)
时间趋势	一次项	二次项	三次项	一次项	二次项	三次项
天气变量	含	含	含	含	含	含
地区效应	含	含	含	含	含	含
季节假日	含	含	含	含	含	含
N	839	839	839	652	652	652
R^2	0.579	0.587	0.588	0.564	0.565	0.567

注：①（ ）内数值为回归系数的异方差稳健标准误；②*、**和***分别表示10%、5%和1%的显著性水平。

图。如图5-1和图5-2所示，非参拟合图显示，二项式函数对断点前后的空气质量指数的拟合较好。从中可以看出对于因空气污染原因被约谈的城市，在约谈前后，空气质量指数AQI的走势出现了明显的断点；而对非

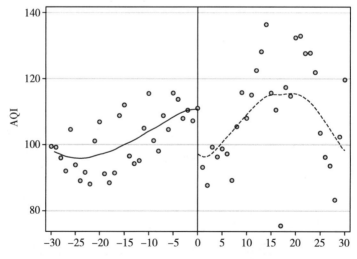

图5-1 因空气污染原因被约谈城市空气质量指数拟合曲线

资料来源：作者绘制。

因空气污染原因被约谈的城市，在约谈前后，AQI 并没有明显的断点。这说明本章使用断点回归估计约谈对空气污染治理的局部处理效应（LATE）是适宜的。

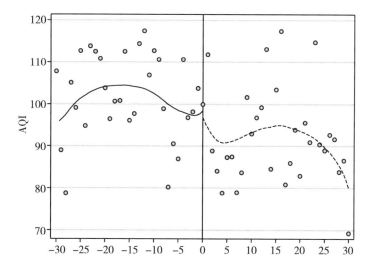

图 5 - 2　非因空气污染原因被约谈城市空气质量指数拟合曲线

资料来源：作者绘制。

5.4.3　稳健性分析

前面的基准实证结果证实了如果是因为空气污染原因被约谈，则约谈过后有显著的治霾效果，但为了排除其他条件对本章 RD 估计结果有效性的干扰，下面对本章的回归结果进行稳健性检验。

5.4.3.1　对照组分析

根据前面的分析，如果是因为空气污染原因被约谈的，那么约谈对空气污染的治理，还是会起到一定作用的。本章借鉴断点回归的思想和技术，来解决约谈与空气污染当中可能存在的内生性问题，即一个城市被约谈，可能是因为其污染更严重。在此基础上，其实本研究还可以通过对"对照组"的分析，来对本章的实证结果进行稳健性分析。具体而言，本研究以被约谈城市地理距离最近的一个城市作为该城市的对照组，考察约谈对对照组城市的影响。选择距离最近的城市，是因为距离相近的城市，在约谈之前，空气质量具有更好的一致性。而且，将距离最近的城市作为对照组，还可以考察一下被约谈城市空气质量的改善是否有溢出效应。表5-5 的回归结果显示，如果是因为空气污染原因被约谈，环保部的约谈对被约谈城市的周边城市，有微弱的空气污染治理效应，但显著性较差。如果不是因为空气污染原因被约谈，则对周边城市的空气污染也没有影响。对照组的这一回归结果，也反过来证明了上文对约谈城市的实证结果的可靠性。

表5-5　　　　　　　　　距离约谈城市最近的城市

	(1) AQI	(2) AQI	(3) AQI	(4) AQI	(5) AQI	(6) AQI
	因空气污染被约谈			非因空气污染被约谈		
YUETAN	-2.400 (8.759)	-29.053** (13.758)	-16.847 (17.607)	5.241 (9.327)	-1.874 (12.803)	-2.363 (17.024)
时间趋势	一次项	二次项	三次项	一次项	二次项	三次项
天气变量	含	含	含	含	含	含
地区效应	含	含	含	含	含	含
季节假日	含	含	含	含	含	含
N	749	749	749	566	566	566
R^2	0.558	0.564	0.565	0.493	0.496	0.497

注：①因数据缺失的原因，本表回归数据少于上表；② *、**和***分别表示10%、5%和1%的显著性水平。

5.4.3.2　带宽敏感性

使用 RD 方法时，其估计结果的稳健性，同时也会受到所选带宽的影响。Lee 和 Lemieux（2010）认为在断点回归的设计中，考虑不同带宽的回归结果也是对回归稳健性进行检验的重要方法。因此，我们分别选取各地约谈前后20天、40天和60天等带宽，作为稳健性分析。相应结果见表5-6，其中第（1）~（3）列是因空气污染原因被约谈城市，第（4）~（6）列为非因空气污染原因被约谈城市。结果显示，对于不同的带宽，因为空

气污染原因被约谈的城市，空气质量均显著改善，而非因为空气污染原因
被约谈的城市，空气质量则没有明显改善，与上文的结论一致，这说明本
章的结论对不同带宽都是非常稳健的。

表 5-6 带宽敏感性

	(1) AQI	(2) AQI	(3) AQI	(4) AQI	(5) AQI	(6) AQI
	因空气污染被约谈			非因空气污染被约谈		
	±20 天	±40 天	±60 天	±20 天	±40 天	±60 天
YUETAN	-37.249** (18.130)	-35.833*** (11.634)	-15.388* (8.758)	10.110 (14.330)	9.285 (9.050)	7.230) (6.960)
时间趋势	二次项	二次项	二次项	二次项	二次项	二次项
天气变量	含	含	含	含	含	含
地区效应	含	含	含	含	含	含
季节假日	含	含	含	含	含	含
N	567	1 116	1 589	443	865	1 298
R^2	0.649	0.551	0.482	0.589	0.529	0.509

注：① （ ）内数值为回归系数的异方差稳健标准误；② *、** 和 *** 分别表示
10%、5% 和 1% 的显著性水平。

5.4.3.3 城市时间趋势

在前面的回归中，对于不同的城市，控制了相同的时间趋势，作为执
行变量。然而空气质量有明显的季节性特征，如果不同城市，被约谈的季
节不同，则约谈前后就会遵循不同的时间趋势。为了控制这一效应对本章
结果的影响，检验前面实证分析的可靠性，本部分允许不同城市有自己不
同的时间趋势，此时的回归结果见表 5-7，回归结果显示，即便是在不同
城市层面控制不同的时间趋势，本章对环保部约谈的效果仍然是显著的。
实际上，进一步细化控制不同城市时间趋势后，对环保部约谈效果的估计
系数与前面相差也不大，因此这也从侧面证实了本章包含一系列季节假日
虚拟变量后，已经较好地控制了空气质量的季节性变动。

表 5 - 7　　　　　　　　　城市个体时间趋势

	(1) AQI	(2) AQI	(3) AQI	(4) AQI	(5) AQI	(6) AQI
	全样本		因空气污染		非因空气污染	
YUETAN	-18.290** (8.962)	-19.551 (12.101)	-41.933** (17.439)	-43.819** (21.224)	14.982 (10.939)	8.004 (13.674)
时间趋势	二次项	三次项	二次项	三次项	二次项	三次项
天气变量	含	含	含	含	含	含
地区效应	含	含	含	含	含	含
季节假日	含	含	含	含	含	含
N	1 491	1 491	839	839	652	652
R^2	0.610	0.646	0.642	0.684	0.617	0.631

注：① ( ) 内数值为回归系数的异方差稳健标准误；② * 、** 和 *** 分别表示 10% 、5% 和 1% 的显著性水平。

5.4.3.4　减排治霾还是"数据治霾"

学界中对中国的空气质量数据诟病很多，一些学者认为中国官方会伪造空气质量数据。例如，Andrews（2008）发现北京 API 位于 96～100 的天数明显高于 API 位于 101～105 的天数，而 API 是否低于 100 是 2012 年以前中国环境保护部门定义"蓝天"的主要标准。Chen 等（2012）、Ghanem 和 Zhang（2014）基于更多城市及更精巧的计量方法也发现了类似的结论。因此，一个自然的疑问就是，约谈后空气质量的改善，究竟是政治性动员的节能减排导致雾霾水平下降，还是人为的数据伪造导致的虚假的蓝天数据。

为了排除"数据治霾"对本章结论的可能干扰，我们将更容易激励数据造假的 AQI 区间删除。由于 AQI 大于还是小于 100 是定义是否蓝天的门槛，而空气质量数据的伪造又不能太偏离事实，因此本章剔除 AQI 在 100 附近的数据。具体而言，本章分别删除 AQI 位于 95～105、90～110、80～120 的三个区间，相应的回归结果见表 5 - 8，其中第（1）～（3）列为因空气污染原因被约谈城市，第（2）～（4）列为非因空气污染原因被约谈城市。回归结果显示，剔除 AQI 易造假区间后，因空气污染原因被约谈城市的回归结果仍然是显著的，而非因空气污染原因被约谈城市依然不显著。因此可以认为被环保部约谈后，地方政府的确通过动员式节能减排，实现了雾霾水平的下降①。

表 5 - 8　　　　　　　　去掉易数据造假的 AQI 区间

	（1）AQI	（2）AQI	（3）AQI	（4）AQI	（5）AQI	（6）AQI
	因空气污染被约谈			非因空气污染被约谈		
	去[95,105]	去[90,110]	去[80,120]	去[95,105]	去[90,110]	去[80,120]
YUETAN	− 52. 677 *** (14. 693)	− 53. 976 *** (15. 368)	− 61. 516 *** (19. 302)	11. 310 (11. 961)	10. 416 (13. 654)	14. 534 (18. 081)
N	756	671	518	601	545	460
R^2	0. 601	0. 632	0. 697	0. 586	0. 607	0. 645

注：① （ ）内数值为回归系数的异方差稳健标准误；② *、** 和 *** 分别表示 10%、5% 和 1% 的显著性水平。

5.5

进一步讨论

5.5.1 单项污染物的进一步分析

根据前面的论述，AQI 是根据多个单项污染物浓度经过一定方法组合而成的，因此为了进一步讨论环保部约谈对单项空气污染物指标的影响，本章以来自"中国空气质量在线检测分析平台"的六类单项污染物浓度日均值为被解释变量进行回归。这里只分析因为空气污染原因被约谈城市的结果，回

---

① 当然，这里的结果仅仅指出排除一些造假嫌疑更大的空气质量区间后，仍然可以发现相关估计结果的存在，但实际上这里并不是在否认空气质量数据造假的存在。

归结果见表 5 –9[1]。从中可以看出，约谈对 PM2.5、PM10 有显著治理效果，对 NO₂ 和 CO 有微弱治理效果[2]，对其他单项污染物则没有显著影响。

根据 AQI 的构造规则和中国空气污染的特征，影响 AQI 变化趋势的原因主要就是 PM2.5 和 PM10 等。根据环境保护部下属的中国环境监测总站提供的数据，在 2014 年 1 月至 2016 年 6 月，300 多个城市当中，PM2.5 和 PM10 两者作为首要污染物的天数合计占到总天数 70% 以上。中央对空气污染治理考核办法，也是以 PM2.5、PM10 作为主要考核依据[3]。越是纳入考核指标的污染物浓度，在政治敏感时期，地方政府越有激励加大治理力度，从而降低相关指标衡量的雾霾水平。而且，PM2.5、PM10 等也是目前民众最为关注的代表空气质量的指标，从而更有可能成为地方政府在敏感时期临时性治理措施的主要对象。这一点既和现有文献的结论相一致（Liang and Langbein，2015），也和本章之前关于空气污染原因的对比分析的逻辑相一致：考核（约谈）什么就治理什么，不考核（约谈）就不治理。

表 5 –9　　　　　　　　　　　　　单项污染物对比

	(1) PM2.5	(2) PM10	(3) SO₂	(4) NO₂	(5) CO	(6) O₃
YUETAN	– 74.117 *** (26.449)	– 75.841 ** (34.422)	– 9.630 (8.909)	– 15.209 ** (6.492)	– 0.642 * (0.378)	– 4.544 (7.471)
时间趋势	二次项	二次项	二次项	二次项	二次项	二次项
天气变量	含	含	含	含	含	含
地区效应	含	含	含	含	含	含
季节假日	含	含	含	含	含	含
N	537	537	537	537	537	537
R²	0.581	0.469	0.833	0.654	0.564	0.822

注：① （ ）内数值为回归系数的异方差稳健标准误；② * 、** 和 ***分别表示 10%、5% 和 1% 的显著性水平。

---

① 因该网站数据缺失原因，这里的回归样本少于上文。

② 但在线性项和三次项回归中，变得不再显著，因此不够稳健。

③ 例如，根据 2014 年 4 月份国务院办公厅下发的《关于印发大气污染防治行动计划实施情况考核办法（试行）的通知》，京津冀及周边地区、长三角区域、珠三角区域、重庆市以 PM2.5 年均浓度下降比例作为考核指标，其他地区则以 PM10 年均浓度下降比例作为考核指标。

5.5.2 对约谈治霾可持续性的分析

根据上文的断点回归的结果，可以发现因为空气污染原因被约谈的城市，环保部约谈有一定的空气治理效应。断点回归估计的是一种局部处理效应，主要看断点前后较短时间窗口内的空气质量的变化。然而，这种约谈创造的蓝天是否有可持续性呢？本书第四章利用地方 "两会" 为研究对象，发现地方政府虽然会在政治敏感时期加大环保力度，降低这一时期的雾霾水平，但这种临时性重视导致的 "政治性蓝天" 并没有可持续性，政治敏感时期过后不久，雾霾水平就会恢复常态，甚至政治敏感时期过后还可能会出现报复性的污染。因此，为了考察约谈导致的蓝天是否也是这样短暂的 "政治性蓝天"，本章在方程中增加了若干个约谈后不同时间段的虚拟变量。具体而言，本章分别以 5 天、10 天和 20 天为一个单位，设置约谈后 1 到 5 天（1~10 天、1~20 天）、约谈后 6 到 10 天（11~20 天、21~40 天）、约谈后 11 到 15 天（21~30 天，41~60 天）、约谈后 16 到 20 天（31~40 天，61~80 天）、约谈后天 21 到 25 天（41~50 天，81~100 天）、约谈后 26 到 30 天（51~60 天，101~120 天）等哑变量，并将这些哑变量同时放入回归方程。此时的回归结果见表 5-10，其中本研究将约谈前 30 天作为比较的基准，即考察约谈后的不同时间段相对于约谈前的空气质量变化趋势。为节省空间，每一单位时间段分别用 after 1、after 2 等来表示。

从表 5-10 可以看出，在 5 天为一个单位的回归中，约谈后 1 到 5 天（after 1）哑变量和约谈后 6 到 10 天（after 2）哑变量显著为负，而后面几个时间段的哑变量显著性大幅减弱。而在 10 天或 20 天为一个时间单位的回归中，只有第一个时间单元的系数为负，且显著性也较差，后几个系数更是均不显著。这证明环保部约谈可能只有短期效果，而没有可持续性。根据新闻媒体的报道，一个城市被约谈后的，往往会 "高度重视" "紧急动员"，开展污染整治工作，即 "动员式治理"。本章的实证结果则表明，虽然这种动员式、政治性的治霾的确可以取得一定的效果，创造一种 "雾霾临时性改善" 效应，但这种临时性的改善却没有可持续性。这与现有文献的结论也是非常一致的。

表 5－10　　　　　　　　　包含约谈后多个时段的回归

	(1) AQI	(2) AQI	(3) AQI	(4) AQI	(5) AQI	(6) AQI
	因空气污染			非因空气污染		
	5 天	10 天	20 天	5 天	10 天	20 天
after 1	−18.086** (8.111)	−2.599 (7.462)	−6.626 (7.058)	16.262* (8.395)	6.340 (6.734)	−1.818 (5.734)
after 2	−27.260** (12.217)	13.857 (11.640)	−5.091 (10.614)	26.977*** (10.429)	8.880 (9.490)	−1.698 (8.371)
after 3	−23.117 (17.375)	14.874 (14.231)	−10.124 (13.128)	35.594** (15.524)	16.588 (12.266)	7.454 (10.387)
after 4	−39.086* (23.002)	13.410 (18.331)	−12.266 (16.428)	50.361** (21.192)	22.048 (17.529)	5.154 (11.972)
after 5	−43.216 (28.911)	15.011 (22.156)	6.487 (21.135)	74.433*** (26.283)	32.433 (22.025)	14.676 (13.460)
after 6	−87.805** (36.499)	18.802 (28.607)	28.710 (26.911)	80.159** (31.652)	55.705* (31.110)	22.648 (16.269)
时间趋势	二次项	二次项	二次项	二次项	二次项	二次项
天气变量	含	含	含	含	含	含
地区效应	含	含	含	含	含	含
季节假日	含	含	含	含	含	含
N	839	1 256	1 787	652	977	1 629
R^2	0.589	0.522	0.456	0.570	0.515	0.451

注：①（ ）内数值为回归系数的异方差稳健标准误；② *、**和***分别表示10%、5%和1%的显著性水平。

5.6

本章小结

当前，严峻的环境污染问题，特别是空气污染问题，引起了民众和中央政府的高度关注和重视，新的环保政策和法规层出不穷，环保部门的责任和权力大大加强。但由于中国环境管理体制依然施行属地化管理，即各级环保部门主要对本级党政负责，因此环保部门对环境污染的治理，受到了地方政府和官员的极大影响。为了对地方政府施加压力，督促其加强环保工作，环境保护部采取了一种约谈地方政府主要负责人的制度，本章使用断点回归方法评估了这一政策对城市空气污染的治理效果。

本章的实证结果发现，如果该城市是因为空气污染原因而被环保部进行约谈的，则环保部的约谈对该城市的空气污染治理有显著的效果，但如果该城市并不是因为空气污染的原因而被环保部约谈的，则环保部的约谈对其空气污染就没有影响。对单项污染物的分析（PM2.5、PM10、SO_2、CO、NO_2、O_3）则发现，约谈的治霾效果主要体现在 PM2.5 和 PM10 上，而对其他污染物没有系统性的显著影响，这与目前空气污染治理主要就是考核 PM2.5 和 PM10 完全一致。因此，在约谈会议上的 "痛下决心" 以及约谈过后的迅速整治，对雾霾进行的 "动员式治理"，的确起到了污染治理的效果，带来了 "雾霾的临时性改善"。但本章的实证分析显示地方政府对约谈的应对，呈现出约谈什么就响应什么，考核什么就治理什么的特征，其他的环境污染问题则一切照旧，或者对其再进行约谈和考核时，再给予重视。并且，本章进一步的实证分析还发现环保部约谈对空气污染治理只有非常短期的效果，约谈过后不久，空气污染就会恢复常态。因此，根据本章的实证分析结论，我们对完善中国的环保约谈制度和环境管理体制，有以下几个政策建议：

第一，以约谈为重要抓手，健全 "督政组合拳"。本章实证结果发现，至少在短期内，环保部约谈还是有一定治理效果的，特别是约谈聚焦的领域，治理效果更加明显。因此环保部约谈制度要继续坚持和完善。一方面要继续将约谈制度作为监督地方政府履行环境保护职责的重要抓手，同时建立约谈制度与地方政府各部门在执行环境保护责任时的联动性。环保部门和组织部门要联动，环保约谈整改情况要报被约谈方上级组织部门，纳入官员考核指标体系。另一方面应通过媒体介入和公众参与等方式进一步加大信息公开，在约谈过程中考虑邀请媒体、人大代表、群众代表等列席，从而为公众监督整改落实的情况拓宽途径。约谈会议纪要，整改报告全部公开，接受公众和媒体监督，给地方政府施加压力。

第二，对被约谈城市，根据约谈事由，建立起定期回访机制和长期整改机制。本章实证结果发现，环保部约谈的环境治理效果只有短期的效果，没有可持续性。治理环境污染，既有短期可以解决的问题，也有需要花费较长时间才能解决的问题，如产业结构调整、转型升级等，因此约谈者应与被约谈者共同列出问题清单以及逐步解决方案，从而明确问题的轻重缓急，急事急考核，慢事长考核。对慢性问题，要给地方政府留有一定时间，但又要避免不了了之，要不定期回访，真正将环保工作嵌入到地方政府的日常议程中，而不是靠动员式、临时性治理。

第三，完善环境管理体制。本章实证结果发现地方政府对环保部的约谈的反应是约谈什么就治理什么，即环保部指出了什么问题，地方政府就改正什么问题，没有指正的，不管其程度如何，就选择性无视，因此环境污染的有效和可持续治理，还要进一步完善环境管理体制。改革开放四十年以来，中国在很多方面的工作上都使用属地化管理这种中国式分权，因为作为一个泱泱大国，各方面工作都需要由地方政府来执行，实践证明，属地化管理确实带领中国实现了社会经济的飞速发展。但与此同时，为避免地方政府在属地化管理体制下出现各自为政的局面，中央政府也设置了垂直管理制度。空气污染具有一定的跨区域负外部性特征，因此迫切需要加强环保部门的权威，来制衡地方政府，在探索环保监测督察执法垂直管理的同时，还是要加强上级环保部门对下级地方政府的督察和巡视。

第 6 章

"动员式治理" Ⅲ：官员更替、
合谋震慑与空气污染治理[①]

6.1

引言

近些年来，中国的城市化和工业化都发展迅速，但模式依然比较粗放，导致了非常严重的环境污染，特别是严重的空气污染问题。根据亚洲开发银行的报告，在中国的大城市当中，满足世界卫生组织（WHO）建议的空气质量标准的城市不足1%（Zhang and Crooks，2012）。严重的空气污染对中国居民健康产生了极大危害，世界卫生组织全球疾病负担研究估计的 2010 年中国过早死亡人数为 120 万人（Health Effects Institute，2010）。空气污染的主要成分包括二氧化硫（SO_2）、固体颗粒物（PM）和氮氧化物（NO_x）等，其中 SO_2 早就被列入环境污染的重要治理对象。根据陈硕和陈婷（2014）的研究，二氧化硫排放量每增加 1%，万人中死于呼吸系统疾病及肺癌的人数将分别增加 0.055 和 0.005。据 2014 年全国环境统计公报数据显示，2014 年中国 SO_2 排放总量为 1 974.4 万吨，居世界首位。其中，工业 SO_2 排放量占到排放总量的 88.1%，达 1 740.4 万吨，SO_2 的这一来源特征使得我们可以将其与其他空气污染物进行对比，分析如何从更深层次角度入手来解决空气污染难题。

---

① 本章内容发表在《经济研究》2017 年第 7 期，第 155—168 页，原文标题为《官员更替、合谋震慑与空气质量的临时性改善》。

当前,社会各界对空气污染问题高度关注,也非常敏感,已达"谈霾色变"的程度,决策层也将空气污染治理纳入了官员政绩考核体系(Zheng et al. ,2014)。然而,尽管各界高度关注,中央政府也非常重视,但空气污染问题仍然非常严重。因此,我们有必要探寻中国城市空气污染背后的深层次原因:环境污染问题不仅仅是一个环境和经济的问题,也是一个行政管理体制的问题,特别是在中国实行的这种行政分权体制下,中央政府的环境保护政策,大部分都需要地方政府来负责实施①,地方政府扮演着一种中央政府和企业之间"中间人"的角色(龙硕和胡军,2014)。然而,环境污染作为一个负外部性很强的公共产品,地方政府存在很强的激励,去放松环境管制标准,包括默许或纵容当地污染企业超标排污。在这种政企合谋过程中,地方政府及其官员和污染企业是一种互惠双赢的局面,一方面,地方官员可以得到政治上的升迁以及经济上的财政税收,甚至腐败收益;另一方面,污染企业也可以节省生产成本(聂辉华和李金波,2006)。不过,需要指出的是,地方政府和污染企业的"政企合谋",并不仅限于"官商勾结"的贪污腐败,也许当地政府纵容当地企业污染环境,仅仅是为了促进当地的经济发展,而不是其他"私心"(Jia, 2012)。

在地方政府和污染企业形成合谋的影响因素当中,地方主要领导的在任时间起着非常重要的作用。在任期间,地方主要领导或多或少都会受到地缘因素的一些影响,在当地官场和企业中形成一种"人情网"和"关系网",而且这些关系网并不局限于地方领导本人,还会通过其提拔的下属等,形成多层级的网络,地方主要领导任期越长,这一关系网络就会越固化(陈刚和李树,2012)。具体到环境污染治理问题上,这种关系网络的持续就会导致企业的污染行为得到默许,甚至纵容,从而加剧环境污染(梁平汉和高楠,2014)。而处于地方政府官员集团的"金字塔"上层位置的当地主要官员的更替,会形成一种信号,对当地的政企合谋产生一种震慑效应,至少在短期内会遏制官员的政企合谋动机。具体到空气污染上,地方主要官员的更替,就可能会有助于降低空气污染。基于政企合谋导致

---

① 2016年9月,中共中央办公厅、国务院办公厅印发《关于省以下环保机构监测监察执法垂直管理制度改革试点工作的指导意见》,对省以下环保机构部分职责施行垂直管理,开始打破环境保护"属地化管理"的体制。

环境污染，而主要官员更替有助于震慑政企合谋的基本逻辑，本章将中国 160 个城市 2013 年 12 月至 2016 年 6 月的日度空气质量指数数据和单项空气污染物浓度数据，与城市市委书记更替信息相匹配，研究了官员更替对空气污染的影响。实证结果发现官员更替对政企合谋的震慑效应，有助于 SO_2、CO 等受政企合谋影响较大的空气污染物浓度的下降，但对 PM2.5、氮氧化物等受政企合谋影响较小的空气污染物则没有显著影响。

本章在研究视角和方法上均有所创新。在研究视角上，本研究将官员更替信息与日度的空气质量指数和空气污染物浓度数据相匹配，相较于使用年度数据研究官员更替影响的同类文献，更加细致，也可以利用官员更替的短期影响，更好地分析官员更替的震慑效应。而在研究方法上，本研究借鉴"事件分析法"的思想，将官员更替作为一个准自然试验，考察官员更替前后的空气质量指数和单项污染物浓度，是否与其他普通时期存在差异。特别是，由于不同的空气污染物来源不同，受政企合谋的影响不同，因此官员更替产生的震慑效应的影响也就有所不同，因此本研究还可以对比分析官员更替对不同空气污染物的不同影响，从而使得本章的中心论点逻辑更加可靠。最后，通过对官员更替前后空气质量变化的动态性、异质性等的分析，详细讨论官员更替在影响经济活动上的各个解释机制，丰富官员更替领域的研究文献。

本章后续部分结构安排为：第二部分综述相关文献；第三部分介绍本章的研究设计以及所使用的主要数据，并给出初步的描述性统计；第四部分是基本回归结果和稳健性分析；第五部分针对官员更替对空气污染影响的异质性进行分析，并进一步检验官员更替的震慑效应；第六部分总结全章内容。

6.2
文献综述和理论逻辑

6.2.1　政企合谋与空气污染

空气污染，首先是一个经济问题。关于经济增长和环境污染之间关系，很多学者从环境库兹涅茨曲线的角度来解释，即认为环境污染和人均收入之间存在倒"U"形曲线的关系：起初环境污染随着人均收入的增长而增加，但当经济发展到一定阶段，环境污染又会随着人均收入的增长而下降（Grossman and Krueger，1995；World Bank，1992）。但针对中国的实证研究，往往得不到类似的结论，特别是在空气污染上，甚至是完全相反的结论。例如，王敏和黄滢（2015）利用中国 112 个城市 2003～2010 年的大气污染浓度数据，发现各种大气污染浓度指标和经济发展都呈现出"U"形曲线关系，而不是倒"U"形曲线：随着经济发展水平的提高，空气污染仍然在继续恶化，这一点在邵帅等（2016）、马丽梅和张晓（2014）的研究中也得到了验证。

之所以产生经济发展水平达到一定水平之后，环境污染会得到改善，是因为对环保有了更多的投入，或者低端的污染产业被转移，等等。但如果某些体制性原因阻碍了这种投入和转移，那么经济发展水平的提高，就不一定会带来环境的改善。在中国实行的行政分权体制下，中央政府制定的环境保护政策，大部分都需要地方政府来负责具体的实施[①]，地方政府扮演着一种"中间人"的角色（龙硕和胡军，2014）。有文献研究表明，中国地方政府官员为了得到政治上的晋升，就有激励忽略或放松对环境污染的监管，而将更多的精力投入促进经济增长上，例如配置更多的基础设施投资，而不是环境治理投资（Wu et al.，2014）。Jia（2012）认为在官员考核体制更注重经济增长，而不是环境保护的情况下，为了提高晋升的可能性，地方政府会牺牲掉环境。在这一逻辑下，那些和上层领导关系更紧密，晋升可能性更高的官员，会更多地投资高能耗、高污染的产业，以拉动 GDP 增长，这一点在徐现祥和李书娟（2015）的实证分析中得到了验证，他们发现一个地区走出去的高官越多，当地的环境污染就会越严重。

如果说，当经济体致力于经济增长时，一个地方和上层领导关系越紧密，越会导致环境污染，那么同样的逻辑自然也适用于政商关系上，如果官员考核机制注重于经济增长，那么地方官员必然有很强的激励，与当地

---

① 2016 年 9 月，中共中央办公厅、国务院办公厅印发《关于省以下环保机构监测监察执法垂直管理制度改革试点工作的指导意见》，对省以下环保机构部分职责施行垂直管理，开始打破环境保护"属地化管理"的体制。

企业进行环境污染上的"合谋"：地方官员放任和纵容当地企业污染环境，而当地企业则向其贡献经济增长和财政税收，当然还有纯粹的腐败，毕竟与当地企业合谋带来经济增长和税收增长更加直接。虽然在中央和公众对地方政府加强环境保护的要求和期待下，节能减排已经和经济增长一样，成为影响地方官员晋升的考核依据（Zheng et al.，2014）。地方政府和官员甚至通过空气质量数据造假来粉饰政绩（Andrews，2008；Chen et al.，2012；Ghanem and Zhang，2014）。但是环境污染作为一个负外部性的公共产品，在这种自上而下的考核机制下，地方政府必然有激励放松环保工作。在这种分权管理体制下，处于各类安全生产、环境管理第一线的地方政府，相比中央政府，更可能被当地企业和精英"利益捕获"，形成政企合谋（Jia and Nie，2015）。作为中国高经济增长和高事故并存的一个重要解释（聂辉华和李金波，2006；Nie and Li，2013），现有文献对政企合谋进行了众多探讨。例如，政企合谋会导致房价高企（聂辉华和李翘楚，2013）、土地违法（张莉等，2011，2013）、矿难事故高发（Nie et al.，2013；Jia and Nie，2015）、企业逃税（范子英和田彬彬，2016）等。龙硕和胡军（2014）的理论和实证结果也发现在中央和地方信息不对称的情形下，地方政府和企业就容易形成合谋，进而加剧环境污染；梁平汉和高楠（2014）的研究也认为政企合谋是中国环境污染的重要诱因。

6.2.2 官员更替的影响逻辑

1990 年实施的《关于实行党和国家机关领导干部交流制度的决定》，将领导干部交流机制制度化，限定领导干部在一地任职时间不能过长。这种地方官员交流制度对中国的经济增长模式产生了深远影响（张军和高远，2007；王贤彬等，2009；范子英和田彬彬，2016）。国内外已有大量文献研究了官员更替对经济等方面产生的影响，概括而言，从官员更替对经济影响的具体解释逻辑上，这类文献可以粗略做如下划分。

其一，官员更替导致政策不确定性进而影响企业生产活动。由于不同的地方官员会执行不同的政策，因此地方主要官员更替会引发地方未来政策环境的不确定性，对地方经济和企业行为产生重要影响（Jones and Olken, 2005; Julio and Yook, 2012; Boutchkova et al., 2012; 王贤彬等, 2009)。例如,有文献发现选举年份的政治不确定性导致企业缩减投资(Julio and Yook, 2012; Durnev, 2010; Liu, 2010)。曹春方(2013)利用中国各省省委书记更替数据发现官员更替导致国有企业投资下降,但对民营企业投资没有影响,而徐业坤等(2013)利用地级市市委书记的数据则发现官员更替会导致民营企业投资支出明显下降。不过,也有研究认为由于官员急于做出成绩的激励,官员更替可能会刺激投资(王贤彬等,2010)。

其二,官员更替会产生责任空档期,有利于政府和企业策略性地调整业绩。新任官员出于政绩的考虑,不仅会将精力投入真实业绩上,还有激励策略性地调整业绩数据。Wallace(2016)一文基于中国 GDP 和用电量之间差异,发现省委书记和省长换届时,该省的 GDP 数据更可能出现造假的现象,因为这个时候,地方领导需要更好的政绩数据。但官员更替时政绩激励导致的数据操纵的方向却是不一定的。例如有文献研究发现公司新的高管上任时,有强烈的激励进行负向盈利管理,降低利润,以求在自己任期内可以提升公司业绩(Moore, 1973; Pourciau, 1993; Murphy and Zimmerman, 1993)。郭峰和刘冲(2016)研究发现省级银监局局长变更时,尽管其辖区内城商行的真实风险并没有特别的变化,但其不良贷款率却显著高于其他时期,他们认为城商行所利用的就是银监局局长变更导致的责任空档期,从而将之前积累的风险释放出来。

其三,官员更替破解官员长期任职形成的"关系网",从而减少政企合谋。由于缺少度量合谋的更好指标,现有文献往往从官员是否来自当地(聂辉华和蒋敏杰,2011; Nie and Li, 2013; 张莉等,2011,2013; 范子英和田彬彬,2016)或者任期长短(陈刚和李树,2012; 梁平汉和高楠,2014)等作为政企合谋程度的代理指标。而官员更替必然会打破这种关系网,削弱政企合谋程度(陈刚和李树,2012)。在环境经济学领域,Fredrikssona 和 Svensson(2003)的理论和实证研究就发现,如果腐败非常严重,那么政治不确定性或政治危机会导致环境规制政策的强化;梁平汉和高楠(2014)也发现官员更替会打破旧的合谋关系,从而有助于水污染的治理。

当然，上述解释机制往往还会交织在一起。例如，企业家的政治身份可能会弱化官员更替和政策不确定性对企业的影响（钱先航和徐业坤，2014）。但如果官员更替是对政企合谋的打破，则政企关系越紧密的企业受到的冲击就越严重，例如，应千伟等（2016）基于腐败高管落马的研究发现反腐事件会导致国有企业尤其是地方国有企业、有政治关联或政治寻租等特征的企业股价短期内显著下降。徐业坤等（2013）虽然也是从官员更替导致的不确定性出发，但认为政企关系会放大官员更替对企业投资的影响。就本书的研究视角而言，我们认为官员更替对企业合谋的影响不仅仅在于简单地打破政企合谋，更重要的还在于官员更替形成的政治敏感时期可以对此类政企合谋形成一种震慑效应，使其至少在短期内有所收敛。因此使用日度数据，相对于现有使用年度数据的文献，可以得到一些更精致的结果。特别是通过对空气污染改善的持续性分析，还可以考察官员更替对空气污染的影响究竟是因为真实地打破了相关政企合谋，还是仅仅形成一种政治敏感期的氛围，临时性地震慑了政企合谋。因为政企关系一旦被打破，其重建就不可能很快恢复（陈刚和李树，2012；潘越等，2015）。

对于政治敏感时期政企合谋的下降或收敛，一些相关领域的研究也给了我们很好的启示。聂辉华和张雨潇（2015）建立的理论模型显示在不同的时期和政治气候下，政企合谋的程度可能会发生变化，政治敏感时期，政企合谋就会变得收敛，从而出现政企合谋的周期性特征。Nie 等（2013）发现煤矿矿难事故的发生具有很强的政治周期特征，"两会"等敏感时期，矿难事故发生率明显下降。而石庆玲等（2016）也发现在地方"两会"期间，空气质量会好于其他时刻。王贤彬等（2016）研究发现高官落马会形成一种震慑效应，从而减少地方官员的腐败与违纪活动，而应千伟等（2016）则发现腐败高管落马会导致有政治关联或政治寻租的企业股价短期内显著下跌。

在这些文献基础上，本章主要考察官员更替对政企合谋的震慑效应是否会有助于当地空气质量的改善，特别是对那些受政企合谋影响相对更大的空气污染物。其机理在于：一个地方的企业，不一定都有和当地主要官员的直接关系，而可能是与具体的工作人员、环境监管部门等形成合谋。但是，城市主要官员处于当地政府官员集团的"金字塔"上层位置，是众多基层官员政企合谋的"保护伞",一旦地方主要官员变更形成政治敏感时期,便会对当地的政企合谋产生震慑效应。在这种情况下,主要官员的更替虽然不一定会直接打破这些合谋关系,但至少会形成一种震慑效应,使得这种合谋关系至少在短期内有所收敛。环保等相关部门会加大督查力度,污染企业则减少偷排超排,以免撞到枪口。[①] 而且,在这一逻辑基础上,如果官员的更替对政企合谋的震慑效应越强,如腐败官员的落马相对于正常的官员卸任等,那么其对空气质量改善的影响就越大。因此,本章将主要检验以下研究假说:

假说:官员更替震慑政企合谋,从而有利于改善空气质量,特别是那些受政企合谋影响相对更大的空气污染物;而且官员更替对政企合谋的震慑效应越强,越有利于这些空气污染物的下降。

6.3
研究设计与样本数据

6.3.1 实证方法

这里首先描述实证检验的计量模型,本章主要借鉴"事件研究法"的思想,考察官员更替事件对当地空气污染的影响。根据前面的总结,本研究认为中国城市严重的空气污染的一大原因为地方政府对当地企业排污行为的容忍。而城市主要官员的更替,会对这种政企合谋形成一种震慑效应,因此本研究推测城市主要官员更替前后,城市空气质量会得到改善。具体而言,本章的计量方程设置如下:

$$AIR_{cd} = \beta_0 + \beta_1 TURNOVER_{cd} + \lambda X_{cd} + \delta_c + \mu_d + \varepsilon_{cd} \qquad (6-1)$$

其中,下标 c 表示该数据相对应的城市、下标 d 表示该数据相应的日期(年、月、日);AIR_{cd} 为城市 c 在日期 d 的空气质量,具体而言包括空

[①] 例如,2016 年 9 月份青海省发布《环境执法大练兵活动实施方案》,要求"加大重点区域和'敏感时期'违法行为的查处力度"。

气质量指数和几项单项污染物浓度；TURNOVER$_{cd}$为代表官员更替时间窗口的虚拟变量，考虑到在官员更替的新闻报道之前，存在的民主考察、公示等环节，官员更替的消息可能会提前传播，因此本研究设置的官员更替时间窗口为官员正式更替前后各一个月，即 c 城市市委书记（新闻报道）的更替日期前后各一个月的每一天，TURNOVER$_{cd}$为 1，更替一个月之前和更替一个月之后为 0。由于不同地方的官员更替发生在不同的时期，因此本章这样的设置，实际上也是一种双重差分的思想：既比较了同一个城市更替时期和其他时期的空气质量差异，也比较了某一时期发生官员更替的城市和没有发生官员更替的城市的空气质量差异。

此外，本章也加入了其他天气因素 X$_{cd}$，作为控制变量，以控制天气变化对空气污染水平的影响。δ$_c$ 为地区哑变量，反映各地在短时间内不会发生变化的地区固定效应。μ$_d$ 是一组时间固定效应，主要包括：年份哑变量、年份中第几个月哑变量、年份中的第几个星期哑变量等，主要用来控制季节性因素对空气污染的影响，以及法定节假日、星期当中的第几天哑变量等，主要用来控制人类工作时间安排对空气质量的影响。空气质量深受人类生产、生活的影响，但生产性污染和生活性污染可能存在差异，通过引入节假日和一周七天的虚拟变量，可以对此因素进行初步排除。ε$_{cd}$为随机扰动项。在式（6-1）中，我们主要关心的系数是 β$_1$，其捕获了官员更替前后的空气质量与其他时期相比发生的变动。

6.3.2 样本数据

二氧化硫（SO$_2$）、可吸入颗粒物（PM10）等，一直是空气质量监测的重点。2012 年 2 月 29 日，中国环境保护部通过了新的《环境空气质量标准》（GB3095-2012）以及《环境空气质量指数（AQI）技术规定（试行）》（HJ633-2012）。相对于之前的空气污染指数（Air Pollution Index, API），现行的空气质量指数（Air Quality Index, AQI）主要改变在于：1. 增加了细颗粒物（PM2.5）和臭氧（O$_3$）等几个单项污染物数据；2. 报告的频率由每天增加到了每小时。在新的标准下，各城市需要向环境保护部下属的中国环境监测总站报告该城市各个监测站每小时的六类单项污染物数据，然后再由中国环境监测总站在其官方网站上向公众公布。目前，网络已经成为人们获得空气污染数据的首要渠道，很多网站都会自发公布相关数据。本章采用了"中国空气质量在线监测分析平台"提供的日度历史数据[①]，包括每日的 AQI，以及六项单项污染物浓度的日均值等。时间跨度方面，"中国空气质量在线监测分析平台"上，大部分城市数据起始于 2013 年 12 月 2 日，个别城市数据起始于 2014 年 1 月 1 日，共计 160 个城市，截止日期为 2016 年 6 月 30 日。合成空气质量指数的六个单项污染物具体而言包括：细颗粒物（PM2.5）、可吸入颗粒物（PM10）、二氧化硫（SO_2）、一氧化碳（CO）、二氧化氮（NO_2）、臭氧（O_3）。这六个单项污染物产生的原因不尽相同，这给本研究对它们进行对比分析创造了条件。

由于气象条件，如降雨、气温、风力等都是影响污染空气的重要因素，因此本章也控制了气象数据。气象数据来自"2345 天气网"提供的城市历史天气数据[②]，具体包括最高气温（TEMP_H）、最低气温（TEMP_L）、是否有雨（RAIN）、是否有雪（SNOW）和风力大小（WIND）等几个变量，其中是否下雨和是否下雪是哑变量，风力大小是根据风力等级刻画的序数变量。法定假日及调休日（HOLIDAY）主要是为了控制假期与非假期对空气质量的影响，数据根据国务院办公厅每年发布的节假日安排通知整理得到。

对于市委书记样本情况，本研究主要根据新华网、人民网等权威媒体的新闻报道等来整理。除整理市委书记变更的具体日期外，我们还通过其简历和官方媒体，整理了其卸任时累积的任期、去向以及新任书记来源等信息。考虑到市委书记更替的滞后影响和更提前非官方信息的传播，本研究整理的市委书记更替信息时间跨度为 2013 年 6 月至 2016 年 8 月，超过了空气质量指数数据的时间跨度（2013 年 12 月至 2016 年 6 月）。在这一期间的 160 个样本城市中，共计有 117 个城市发生 134 次市委书记的更替，其中有 26 个市委书记是因为腐败而落马。市委书记卸任时平均任职时长为 3.3 年。

---

① "中国空气质量在线监测分析平台"，网址：http：//www. AQIstudy. cn/historydata/.
② "2345 天气网"，网址：http：//tianqi. 2345. com/.

6.3.3　数据描述

表 6-1 给出了其他主要变量的描述性统计。从中可以看出，空气质量指数 AQI 均值约为 87.8，但均值掩盖了空气污染在不同城市、不同时间之间的巨大差异，这通过空气质量指数的标准差和最大最小值，也可以管窥一二。其他单项污染物浓度的差异也非常大，例如 SO_2 均值为 31.147 微克/立方米，标准差则达到 31.706 微克/立方米，不同地区、不同时间的 SO_2 浓度差异极大。

表 6-1　　　　　　　　　　　主要变量的描述性统计

变量名	单位	样本量	均值	标准差	最小值	最大值
AQI	指数	148 409	87.838	54.647	9.000	500.000
PM2.5	微克/立方米	148 409	58.126	47.412	0.000	1 078.000
PM10	微克/立方米	148 409	98.850	70.715	0.000	2 519.600
SO_2	微克/立方米	148 409	31.147	31.706	0.000	549.100
NO_2	微克/立方米	148 409	36.025	19.332	0.000	233.300
CO	毫克/立方米	148 409	1.184	0.691	0.000	17.890
O_3	微克/立方米	148 409	99.933	51.064	0.000	1 080.000
TEMP_H	摄氏度	148 409	19.738	10.509	−23.000	42.000
TEMP_L	摄氏度	148 409	10.793	10.945	−33.000	30.000
RAIN	哑变量	148 409	0.317	0.465	0.000	1.000
SNOW	哑变量	148 409	0.023	0.150	0.000	1.000
WIND	序数变量	148 409	1.444	0.689	1.000	10.000
HOLIDAY	哑变量	148 409	0.075	0.263	0.000	1.000

资料来源：作者整理。

图 6-1 是 2013 年下半年至 2016 年上半年，以半年为一个观察期窗口，160 个样本城市当中市委书记更替的人次，从中可以看出，官员更替的时间分布并不均匀，2015 年上半年和 2016 年上半年，相对较多一些。空气质量的季节性差异很大，因此不同时期的官员更替，其前后空气质量

的变化趋势是不同的,因此有必要控制季节性的因素。此外,本章还将考察不同特征官员的更替差异化影响,即虽然都是官员更替,但对于政企合谋氛围不同的地区,官员更替产生的震慑效应也将是不同的,政企合谋氛围严重的地区,官员更替产生的震慑效应就会相对更加突出。这种双重差分法的思想,有利于识别出官员更替与空气污染之间的因果关系。例如,随着官员任期的稳定和增长,当地的政企合谋氛围就会变得更浓,因为不同的任期就被认为代表了不同的政企合谋程度,从而官员更替对空气污染的影响,对于官员任期不同的地区,也就不尽相同。图6-2的市委书记卸任时任期的分布显示,大部分市委书记的任期都不太长,集中在2~4年之间。下文中本章将以3年为界,考察任期较长和任期较短的官员更替,对空气污染的异质性影响。

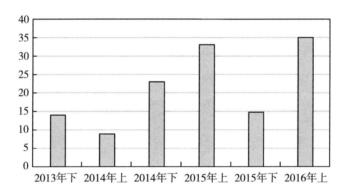

图6-1 2013~2016年160个城市市委书记更替(人次)

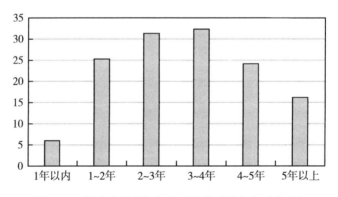

图6-2 城市市委书记卸任时任期时长分布(人次)

资料来源:作者根据新华网、人民网等权威媒体的新闻报道等整理。

6.4

实证结果

6.4.1 基准回归结果

本章的回归结果中报告的是经过异方差修正的稳健标准误。首先本研究对空气质量指数 AQI 进行回归，回归结果见表 6 - 2。从表 6 - 2 第（1）~（2）列中可以看到，如果不包含季节性和节假日调整，官员更替前后的空气质量指数，相较于其他时期，有显著的下降。但考虑到空气质量深受季节和节假日等因素的影响，本研究在表 6 - 2 的第（3）~（4）列，包含年份以及每年的第几个月、每年的第几个星期、法定节假日及调休日、每星期内的第几天等几个虚拟变量，来对空气污染进行季节性和节假日的调整。此时的回归结果显示，官员更替哑变量的系数不再显著，虽然仍为负数。因此，总体而言，官员更替前后的空气质量指数，较其他时期，并没有明显的改善或恶化。

表 6 - 2　　　　　　　　　空气质量指数回归结果

	（1） AQI	（2） AQI	（3） AQI	（4） AQI
官员更替	− 5.952 *** (0.580)	− 3.219 *** (0.524)	− 0.296 (0.495)	− 0.285 (0.494)
最高气温	0.980 *** (0.043)	1.507 *** (0.051)	1.782 *** (0.049)	1.782 *** (0.048)
最低气温	− 2.467 *** (0.040)	− 3.034 *** (0.052)	− 0.163 *** (0.057)	− 0.159 *** (0.057)
是否下雨	− 12.596 *** (0.284)	− 7.135 *** (0.271)	− 2.904 *** (0.258)	− 2.936 *** (0.258)

续表

	(1) AQI	(2) AQI	(3) AQI	(4) AQI
是否下雪	− 4.610 *** (1.177)	− 1.514 (1.117)	3.530 *** (1.075)	3.597 *** (1.074)
风力大小	− 6.995 *** (0.188)	− 6.524 *** (0.244)	− 5.964 *** (0.230)	− 5.935 *** (0.230)
地区效应	不含	含	不含	含
季节假日	不含	不含	含	含
N	148 409	148 409	148 409	148 409
R^2	0.136	0.296	0.396	0.396

注：① （ ）内数值为回归系数的异方差稳健标准误；② * 、** 和 *** 分别表示 10%、5% 和 1% 的显著性水平。

然而，官员更替对空气质量指数的影响不显著，并不能轻易得出官员更替对空气污染无影响的结论。梁平汉和高楠（2014）就认为官员更替对水污染的影响，大于空气污染，因为水污染主要来自工商企业，易受到政企合谋的影响，而现代城市中，汽车尾气、居民用煤等都会造成严重的空气污染，这些受政企合谋的影响程度相对较小。根据上文的论述，AQI是根据多个单项污染物浓度经过一定方法组合而成的，不同单项污染物形成原因不同，因此官员更替对其影响也就不尽相同，可以利用这一区别，来识别官员更替对不同的空气污染物的影响。

为了进一步考察官员更替对单项空气污染物浓度的影响，本章以六项单项污染物浓度日均值为被解释变量进行回归。此时回归结果见表 6 - 3，从中可以看出，相对于其他时期，官员更替前后的 SO_2、CO 浓度均在 1% 的显著性水平上显著下降，但其他单项污染物则没有特别显著的变化。以 SO_2 为例，样本期间，SO_2 的平均浓度为 31.1 微克/立方米，因此官员更替前后，SO_2 浓度平均下降幅度约为 5.8% 的比例。这说明，在城市主要官员更替前后，也存在着"雾霾的临时性改善"这一现象，并且其缘由也是在雾霾治理中的"动员式治理"所造成的。此外，不同单项污染物受到的影响不同，跟单项污染物的形成原因和来源密切相关。SO_2 主要来源于燃煤发电厂、工厂燃煤锅炉、工业炉窑燃烧后的排放等[1]。一氧化碳（CO）除来源于汽车尾气外，也有很大比例来自各种不完全燃烧物（如锅炉、工业炉窑、内燃机、家庭炉具等）。因此，相对而言，SO_2 和 CO 作为主要来源于生产性污染的单项污染物，更易受到政企合谋的影响，在官员纵容下污染高企。从而当官员更替前后，产生的震慑效应，会使得相关污染企业有所收敛，进而促使 SO_2 和 CO 浓度下降。PM2.5 和 PM10 的主要来源有燃烧的烟尘、工业粉尘、建筑粉尘、地面扬尘等，以及其他污染物发生化学反应后产生的二次污染物。NO_2 主要来源于机动车尾气排放、高温燃烧（锅炉、炉窑）排放等。O_3 是一种二次污染物，主要为空气中氮氧化物、挥发性有机物等污染物，在阳光作用下产生的光化学反应。因此，这几项单项污染物受政企合谋的影响较弱，进而官员更替前后产生的震慑效应，对其影响也就较弱，因此官员更替前后，这几项单项污染物也就没有明显变化。这并不意味着在官员更替中"动员式治理"不存在，相反地，这正恰恰印证了在官员发生更替的前后，"动员式治理"现象的存在（否则不同单项污染物的浓度在官员更替前后的变化方向和程度应该是类似的），在本章中，这几项污染物将主要作为对照组而存在。

表 6 - 3　　　　　　　　　单项污染物回归结果

	（1）PM2.5	（2）PM10	（3）SO_2	（4）NO_2	（5）CO	（6）O_3
官员更替	0.109 (0.437)	- 0.980 (0.617)	- 1.796*** (0.227)	- 0.057 (0.162)	- 0.046*** (0.006)	- 0.753* (0.453)
天气变量	含	含	含	含	含	含
地区效应	含	含	含	含	含	含
季节假日	含	含	含	含	含	含

[1]　从国际经验看，目前燃煤电厂消耗的化石燃料贡献了美国 SO_2 排放总量的 73%，其他全部工业行业只占 20%。从国内情况看，煤炭占当前中国能源消费总量的 68%，是 SO_2 的主要来源，其中，发电是煤炭消费量最大的行业，全国 48% 的煤炭用于发电；其次是钢铁行业，它消耗了 87% 的焦炭和 9% 的煤炭（石光等，2016）。

续表

	（1）PM2.5	（2）PM10	（3）SO$_2$	（4）NO$_2$	（5）CO	（6）O$_3$
N	148 409	148 409	148 409	148 409	148 409	148 409
R^2	0.378	0.412	0.536	0.535	0.458	0.503

注：①（ ）内数值为回归系数的异方差稳健标准误；② * 、 ** 和 *** 分别表示 10% 、5% 和 1% 的显著性水平。

6.4.2 稳健性分析

前面的基准实证结果证实了受政企合谋影响严重的 SO$_2$ 和 CO 等单项污染物，在官员更替前后，较其他时期会有所改善，但对其他单项污染物，则没有显著变化。对这一结果，在本部分，本研究将从以下几个方面进行一些稳健性检验。

6.4.2.1 对比分析官员更替前和更替后

在前面的基本回归当中，对于官员更替事件的窗口期，本研究确定为官员更替前后各 30 天，这是考虑到在官员更替的正式新闻报道前，已经有一些消息传播，进而震慑到政企合谋。同时，可以将这一事件拆分成更替前后各 30 天，以对比分析。相应回归结果见表 6-4，结果显示，在对官员

表 6-4　　　　　　　　　官员更替前后的对比

	（1）AQI	（2）PM2.5	（3）PM10	（4）SO$_2$	（5）NO$_2$	（6）CO	（7）O$_3$
更替前 30 天	-1.149* (0.682)	-0.352 (0.626)	-2.025** (0.843)	-1.517*** (0.317)	0.268 (0.218)	-0.046*** (0.008)	0.371 (0.644)
更替后 30 天	0.597 (0.688)	0.580 (0.584)	0.088 (0.864)	-2.081*** (0.308)	-0.390* (0.231)	-0.046*** (0.008)	-1.900*** (0.611)
N	148 409	148 409	148 409	148 409	148 409	148 409	148 409
R^2	0.396	0.378	0.412	0.536	0.535	0.458	0.503

注：①（ ）内数值为回归系数的异方差稳健标准误；② * 、 ** 和 *** 分别表示 10% 、5% 和 1% 的显著性水平。

更替前 30 天和后 30 天分别设置和分析时，得到的结论和上文仍然是相同的。官员更替前和更替后，SO_2 和 CO 浓度较其他时期均显著下降；其他污染物虽然在部分回归中也有一些显著性，但总体而言，受到官员更替的影响相对较小。因此在下文的分析中，本研究依然以官员更替前后 30 天为一个单一的事件窗口进行分析①。

6.4.2.2　官员更替事件窗口敏感性

在前面的基本回归当中，对于官员更替事件的窗口期，本研究确定为官员更替前后各 30 天，为了检验此窗口的稳健性，在本部分，本研究将前后 30 天分别修改为前后各 20 天、前后各 40 天和前后各 60 天。相应回归结果见表 6 - 5，结果显示，对于不同的事件窗口期设置，官员更替对空气质量指数及单项污染物浓度的影响，与前面的基本结论完全一致，官员更替前后，SO_2 和 CO 浓度出现下降趋势，但空气质量指数和其他单项污染物浓度没有明显变化。这说明本章的结论对不同官员更替事件的窗口期设置是非常稳健的。同时，在窗口期延长时，官员更替对 SO_2 浓度的影响（整个窗口期与其他时期相比），有下降的趋势，这说明官员更替对空气污染的影响可能具有时效性，对此本研究将在下文进行更详细的讨论。

表 6 - 5　　　　　　　　　　官员更替事件窗口敏感性

	(1) AQI	(2) PM2.5	(3) PM10	(4) SO_2	(5) NO_2	(6) CO	(7) O_3
前后 20 天	- 0.849 (0.586)	- 0.319 (0.521)	- 1.730** (0.730)	- 1.909*** (0.272)	- 0.048 (0.198)	- 0.053*** (0.007)	- 1.468*** (0.552)
N	148 409	148 409	148 409	148 409	148 409	148 409	148 409
R^2	0.396	0.378	0.412	0.536	0.535	0.458	0.503
前后 40 天	0.234 (0.440)	0.434 (0.387)	- 0.307 (0.551)	- 1.446*** (0.204)	0.047 (0.142)	- 0.043*** (0.005)	- 0.433 (0.397)
N	148 409	148 409	148 409	148 409	148 409	148 409	148 409

---

① 这样处理还有一个好处是可以在下文的交互项回归中，节省表格。

续表

	(1) AQI	(2) PM2.5	(3) PM10	(4) SO$_2$	(5) NO$_2$	(6) CO	(7) O$_3$
R^2	0.396	0.378	0.412	0.536	0.535	0.458	0.503
前后60天	−0.479 (0.435)	−0.131 (0.386)	−0.862 (0.548)	−1.394*** (0.207)	0.286** (0.142)	−0.057*** (0.005)	−0.208 (0.385)
N	148 409	148 409	148 409	148 409	148 409	148 409	148 409
R^2	0.396	0.378	0.412	0.536	0.535	0.459	0.503

注：①表中同时控制了天气变量、城市固定效应、年度效应、月度效应、星期效应、节假日效应、星期几效应等，为节省空间未予标识，并将数个回归合并成一个表格；②（）内数值为回归系数的异方差稳健标准误；③ * 、 ** 和 *** 分别表示10%、5%和1%的显著性水平。

6.4.2.3 对比基准时期长度敏感性

在前面的基本回归当中，与官员更替前后相对比，作为基准的时期为其他整个样本跨度期间，即2013年12月2日至2016年6月30日。然而，官员的更替时间是散布在各个时期，而不同时期的空气污染水平可能会存在一定的差异，例如季节性的差异。为了检验这个对比的基准时期设置的合理性，本研究根据各地官员更替发生时间，进行子样本回归，具体而言，本研究分别截取官员更替前后360天、270天和180天进行回归。此时的回归结果见表6-6，结果显示，对于不同的基准时期的选取，官员更替对空气质量指数及单项污染物浓度的影响，与上文的基本结论也完全一致，官员更替前后，SO$_2$和CO浓度出现下降趋势，但空气质量指数和其他单项污染物浓度没有明显变化。从系数大小而言，在更短的基准时期的回归中，官员更替对SO$_2$的影响还要稍大，也就是说，随着时间的推移，官员更替之后出现的"雾霾临时性改善"现象逐渐减弱，也不具有可持续性。本部分的回归结果表明本章的结论对不同的基准时期选取也是非常稳健的。

表 6 - 6 　　　　　　　　　　对比基准时期长度敏感性

	(1) AQI	(2) PM2.5	(3) PM10	(4) SO$_2$	(5) NO$_2$	(6) CO	(7) O$_3$
360 天	- 0. 924 * (0. 505)	- 0. 386 (0. 446)	- 1. 942 *** (0. 632)	- 2. 052 *** (0. 235)	- 0. 229 (0. 164)	- 0. 058 *** (0. 006)	- 0. 830 * (0. 456)
N	70 100	70 100	70 100	70 100	70 100	70 100	70 100
R^2	0. 402	0. 376	0. 428	0. 545	0. 560	0. 473	0. 513
270 天	- 0. 592 (0. 519)	- 0. 018 (0. 457)	- 1. 736 *** (0. 649)	- 2. 318 *** (0. 249)	- 0. 150 (0. 168)	- 0. 069 *** (0. 006)	- 1. 008 ** (0. 472)
N	55 742	55 742	55 742	55 742	55 742	55 742	55 742
R^2	0. 399	0. 372	0. 424	0. 550	0. 566	0. 488	0. 530
180 天	- 0. 367 (0. 527)	0. 170 (0. 462)	- 1. 408 ** (0. 661)	- 2. 387 *** (0. 248)	- 0. 077 (0. 169)	- 0. 068 *** (0. 006)	- 0. 959 ** (0. 470)
N	39 075	39 075	39 075	39 075	39 075	39 075	39 075
R^2	0. 402	0. 377	0. 427	0. 564	0. 565	0. 497	0. 534

注：①表中同时控制了天气变量、城市固定效应、年度效应、月度效应、星期效应、节假日效应、星期几效应等，为节省空间未予标识，并将数个回归合并成一个表格，解释变量均为官员更替"前后 30 天"的虚拟变量；②（ ）内数值为回归系数的异方差稳健标准误；③ * 、 ** 和 *** 分别表示 10% 、5% 和 1% 的显著性水平。

6.4.2.4 官员更替时间的反事实检验

根据前面分析的逻辑，官员更替前后，对受政企合谋影响大的空气污染物有改善的效应，对和政企合谋关系不大的污染物，则没有显著影响。作为一个稳健性分析的方法，事实上还可以人为设置官员更替的时间，进行"反事实"推断。如果这种人为设置的官员更替时间的前后，也出现 SO$_2$ 等污染物浓度的下降，那么前面的回归结果就可能是其他未观察到的因素所导致的。为构造一个人为的官员更替时间，同时又避免随意性，本章如下设置新的"伪更替"时间：奇数月份的更替时间，人为延后半年（即原更替时间 +183 天为伪更替时间），偶数月份的更替时间，人为提前半年（即原更替时间 -183 天为伪更替时间）。本研究将这种人为构造的官员更替时间的前后 30 天设为"伪更替"事件窗口期,如上述回归方法一样,进行回归。而且为减缓原更替事件窗口的影响,本研究将对比的基准均取"伪更替"日期前后 180 天。回归结果如表 6 - 7 所示,在这些回归结果中,"伪更替"前后,SO_2 和 CO 浓度没有继续出现下降的证据,反而有增加的迹象。对于空气质量指数和其他单项污染物浓度,"伪更替"的影响依然不显著。这一反事实推断也反证了本书前面结论的可靠性。

表 6 - 7 人为设置的官员更替时间

	(1) AQI	(2) PM2.5	(3) PM10	(4) SO_2	(5) NO_2	(6) CO	(7) O_3
伪更替前后	0.415 (0.601)	- 0.311 (0.528)	0.667 (0.755)	0.471 (0.294)	- 0.138 (0.187)	0.027 *** (0.008)	0.398 (0.508)
N	30 951	30 951	30 951	30 951	30 951	30 951	30 951
R^2	0.408	0.389	0.444	0.600	0.587	0.521	0.535

注:①表中同时控制了天气变量、城市固定效应、年度效应、月度效应、星期效应、节假日效应、星期几效应等,为节省空间未予标识,解释变量均为官员伪更替"前后 30 天"的虚拟变量;②( )内数值为回归系数的异方差稳健标准;③ * 、** 和 *** 分别表示 10%、5% 和 1% 的显著性水平误。

6.5

进一步讨论

在上文的实证分析中,我们发现城市主要官员的更替有利于降低 SO_2、CO 等空气污染物的浓度,但对其他空气污染物则没有显著影响。对此我们根据官员更替形成的政治敏感时期有助于震慑政企合谋的逻辑进行了解释,然而,在下定论之前,仍然有必要对官员更替影响经济活动的其他机制进行讨论,做到尽可能地排除其他竞争性解释,这是本部分讨论的主要目的。

6.5.1 卸任书记去向与新任书记来源

在竞争性解释当中最关键的是官员更替对空气污染改善的影响究竟是

官员更替产生的政治敏感震慑了政企合谋，从而使得非法排污临时收敛，还是官员更替产生的政策不确定性使得企业经营活动下降，从而排污也下降。对此，我们根据卸任书记的去向和新任书记的来源，做一个粗略分析。首先，如果合谋震慑逻辑成立，那么普通的官员卸任和腐败落马产生的官员更替对空气污染的影响就应该有所不同，因为相比于普通的官员更替，反腐落马显然要对政企合谋有更强烈的震慑效应。但政策不确定性主要来源于企业对新任书记是否将要采取与前任书记不同的政策的预期，与卸任的市委书记去向关系不大。表 6-8 第（1）~（4）当中，① 对卸任官员去向不同进行了分组回归，从中可以看出，到龄退休（24 人次）、平调到其他城市（32 人次）、升调到省政府（52 人次）对 SO_2 仍有显著的改善效应，但反腐落马（26 人次）对 SO_2 的影响要更显著，系数也更大，证实了上面的逻辑推断。在其他去向中，调任省政府最有利于维系与之前的关系网络，对政企合谋的震慑效应最小，从而对 SO_2 影响的显著性和系数大小也最差。同时，对于新任书记来源，我们按照其是本市升迁（42 人次）、外地调入（57 人次）还是省政府下派（35 人次）分为三类进行回归，表 6-8 第（5）~（7）列的回归结果显示，新任市委书记来源于本地晋升的官员更替对 SO_2 影响不显著，外地调入和省府下派的官员更替则对 SO_2 有

表 6-8　　　　　不同去向和来源的市委书记更替对 SO_2 的影响

变量	（1）落马	（2）退休	（3）平调	（4）升调	（5）本市升迁	（6）外地调入	（7）省府下派
官员更替	-5.390*** (0.554)	-1.417** (0.641)	-0.721** (0.348)	-0.609* (0.358)	-0.634 (0.454)	-2.982*** (0.339)	-1.068*** (0.390)
N	21 667	18 600	24 537	43 432	32 244	47 203	28 789
R^2	0.558	0.568	0.517	0.511	0.481	0.561	0.592

注：①表中同时控制了天气变量、城市固定效应、年度效应、月度效应、星期效应、节假日效应、星期几效应等，为节省空间未予标识、解释变量均为官员更替"前后 30 天"的虚拟变量；②（）内数值为回归系数的异方差稳健标准误；③ *、** 和 ***分别表示 10%、5% 和 1% 的显著性水平。

___

① 本回归中其他空气污染物基本都不显著，因此我们没有报告相关结果。

显著改善效应。这符合震慑效应假说的预期，但也不能排除政策不确定性的解释机制，因为本市升迁而来的市委书记，自然算是平稳过渡，震慑效应更小，但其政策不确定性也更小，因此政策不确定性的解释还需要继续"排除"。[①]

6.5.2 不同的政企合谋程度带来的异质性

在上述市委书记的来源和去向之外，我们还可以进行其他异质性分析。由于缺乏政企合谋的直接度量，关于政企合谋的研究文献往往用官员任期来间接度量政企合谋的程度，逻辑是官员任期越长，越容易形成政企合谋的氛围（陈刚和李树，2012；梁平汉和高楠，2014）。如果这一逻辑成立，那么官员卸任时，其之前积累的任期越长，官员更替对政企合谋的震慑效应就越强，从而就越有利于 SO_2 浓度的下降。而卸任官员之前任期的长短跟政策不确定性关系不大。我们将卸任官员任期以 3 年为界限，区分为较长任期（任期大于 3 年）和较短任期（任期小于等于 3 年）两组，然后设置虚拟变量"较长任期"，即较长任期的一组为 1，较短任期的一组为 0，并在回归方程中纳入市委书记更替与较长任期的交互项。此时的回归结果如表 6 - 9 显示，卸任时较长任期的市委书记更替前后对 SO_2 会有更强的改善效应。这一结论更加证实了我们的解释机制，也与已有的相关文献非常一致。

表 6 - 9　　　　　　　　　　官员任期的异质性

	(1) AQI	(2) PM2.5	(3) PM10	(4) SO_2	(5) NO_2	(6) CO	(7) O_3
官员更替	- 1.220 (0.766)	- 1.382 *** (0.667)	- 0.881 (0.966)	- 1.025 *** (0.364)	0.096 (0.253)	- 0.054 *** (0.009)	- 6.429 *** (0.654)
官员更替 * 任期较长	1.415 (1.006)	2.492 *** (0.886)	- 0.547 (1.258)	- 1.455 *** (0.464)	- 0.269 (0.330)	0.015 (0.011)	10.086 *** (0.902)

---

　　① 如果只考察原市委记腐败落马后不同的新书记来源的影响，可以发现无论新书记来自哪里，更替前后 SO_2 都显著下降，因此我们倾向于认为市委书记更替前后 SO_2 的下降主要是卸任书记导致的。

续表

	（1）AQI	（2）PM2.5	（3）PM10	（4）SO₂	（5）NO₂	（6）CO	（7）O₃
	(1) AQI	(2) PM2.5	(3) PM10	(4) SO_2	(5) NO_2	(6) CO	(7) O_3
N	108 236	108 236	108 236	108 236	108 236	108 236	108 236
R^2	0.401	0.382	0.415	0.535	0.551	0.471	0.500

注：①表中同时控制了天气变量、城市固定效应、年度效应、月度效应、星期效应、节假日效应、星期几效应等，为节省空间未予标识；②（）内数值为回归系数的异方差稳健标准误；③ *、**和***分别表示10%、5%和1%的显著性水平。

上文发现官员更替对二氧化硫等有显著的改善效应，对其他空气污染物则没有显著影响，是因为二氧化硫相对更多地来自工业，而工业更易受到政企合谋的影响。为进一步检验这一逻辑，本研究将样本城市的第二产业在 GDP 中的比重，以均值为界，区分为两组，并设置虚拟变量 GDPS，即第二产业比重高的样本城市设置为 1，其他城市设置为 0。此时的交互项回归结果如表 6-10 所示，相对于其他城市，第二产业比重高的城市，在更替前后，会对 SO_2 有更强的改善效应，这从侧面进一步证明了本章的基本逻辑。需要注意的是，与之前的回归不同，在产业结构异质性回归当中，其他空气污染物浓度的回归也变得显著了，但方向与 SO_2 相反。

表 6-10　　　　　　　　　产业结构的异质性

	（1）AQI	（2）PM2.5	（3）PM10	（4）SO₂	（5）NO₂	（6）CO	（7）O₃
官员更替	-2.103*** (0.658)	-1.816*** (0.571)	-2.577*** (0.801)	-0.742** (0.325)	-0.359 (0.238)	-0.062*** (0.007)	-4.292*** (0.663)
官员更替*二产比重高	2.975*** (0.972)	3.210*** (0.857)	2.522** (1.207)	-1.942*** (0.451)	0.565* (0.324)	0.028*** (0.011)	6.097*** (0.903)
N	108 236	108 236	108 236	108 236	108 236	108 236	108 236
R^2	0.401	0.382	0.415	0.535	0.551	0.471	0.499

注：①表中同时控制了天气变量、城市固定效应、年度效应、月度效应、星期效应、节假日效应、星期几效应等，为节省空间未予标识；②（）内数值为回归系数的异方差稳健标准误；③ *、**和***分别表示10%、5%和1%的显著性水平。

6.5.3 官员更替震慑效应的滞后性质

在上文对竞争性解释排除的基础之上，我们还想知道官员更替导致的空气质量改善，究竟是其对政企合谋产生的震慑效应，还是仅仅因为主要官员的更替会打破政企合谋。为此，我们考察官员更替导致的空气质量改善的动态特征。其逻辑是如果仅仅是因为官员更替会打破政企合谋，而新的政企合谋又不大可能在很短的时间内就建立起来，那么官员更替对 SO_2 等空气污染物的影响应该维持一段时间。例如，陈刚和李树（2012）发现省委书记、省长的任期与当地的腐败程度之间存在"U"形曲线关系，最初随着任期增长腐败和合谋是下降的，再如潘越等（2015）在研究官员更替后的政企关系重建时，考察的也是当年发生的市委书记更替对下一年市委直管国企高管更替的影响。具体而言，我们以每30天为一组，设置虚拟变量，共设置更替前的第3个月至更替后的第9个月共12个虚拟变量，并将这些虚拟变量同时纳入回归方程，进行回归。图6-3给出了这些虚拟变量的点估计和95%的置信区间。从中可以看出，SO_2 等空气污染物浓度，确实在官员更替前后出现下降，其他空气污染物浓度在官员更替前后，虽然也有一定的下降趋势，但不太显著。但市委书记更替后不久，SO_2 等空气污染物浓度都基本回归常态，甚至出现超额反弹。市委书记更替导致的空气质量改善没有可持续性。

市委书记更替几个月后，新的政企合谋尚不大可能完全建立，但各项空气污染物就大幅反弹，甚至超过平常时期，说明市委书记更替前后改善空气污染的原因，更主要的是市委书记更替形成的政治敏感时期对政企合谋形成了短暂的震慑效应，而不仅仅是因为市委书记的更替破坏了当地的政企关系网络。实际上企业的非法排污本来更多地也主要涉及更基层官员的政企合谋，跟市委书记本人关系不一定很大，但市委书记的更替却会对这些政企合谋有短暂的震慑效应。城市主要官员更替前后形成的政治敏感对政企合谋仅仅有短暂的震慑效应，使其在短时期内有所收敛，因而没有使得空气质量得到持续性的改善。这一结论也有利于进一步排除基于官员更替导致政策不确定性的解释机制，因为如果政策不确定性来源于对新官员将要采取的新政策的预期（王贤彬等,2009),那么新官上任之后的新政有一个酝酿、出台的过程,没有那么快就可以消除不确定性,而市委书记更替之后短短几个月之后空气污染就恢复了常态,甚至出现超额的反弹。

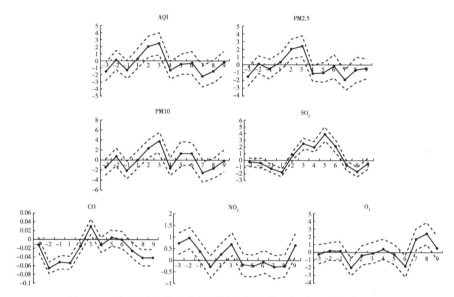

图 6 - 3 官员更替前后空气质量指数和单项污染物浓度动态变化

注:本图中,实线上的每个点是以每 30 天为一组设置虚拟变量进行回归时的系数(1 代表 0 ~ 30 天,2 代表 31 ~ 60 天,以此类推);同时包含了诸如上文的天气因素、固定效应等控制变量;虚线为 95% 的置信区间。

当然,市委书记更替一段时间后,空气质量指数和 PM2.5、SO_2 等部分单项污染物浓度的反弹还需要进一步的解释。对此,可能的解释包括以下几种。其一,临时性的空气质量改善之后往往伴随着报复性的污染（石庆玲等,2016),但这里的反弹不限于之前下降的 SO_2,还包括 PM2.5 和 PM10 等,尽管 SO_2 反弹的幅度最大,因此这一解释可以排除,至少不完全因为这个原因。其二,基于"责任空档期"的逻辑（郭峰和刘冲,2016),新市委书记上任之初有可能会调高、放纵至少默许恶劣的空气污染问题,并将其归咎于上任市委书记,以便争取未来在自己任期内实现空气污染更大的下降幅度。其三,当然也可能是纯粹的数据造假,这一点的质疑可能还可以用在上文官员更替前后 SO_2 的下降上。中国官员通过空气质量数据造假来粉饰政绩已屡见不鲜（Ghanem and Zhang,2014),但我们认为空气质量数据造假即便存在，也不是在这个时候，刚上任的市委书记还不需要这么着急获得环保政绩。

为了对这些解释进行检验，我们按照新任市委书记上任时的年龄对更替后第 3 个月的空气质量进行异质性分析。具体而言，我们根据新任市委书记的上任年龄中位值（52.4 岁）将其分成两组，年轻一组为 1，年老为 0，并在回归方程中纳入市委书记更替后第 3 个月（第 61 ~ 90 天）的虚拟变量与年轻新书记的交互项。此时的回归结果如表 6 - 11 显示，[①] 虽然上任之后，PM2.5、SO_2 有恶化的趋势，但年轻新书记抑制了其上任之初的这种空气质量恶化。考虑到越年轻的市委书记，未来进一步晋升的政治激励越大，因此新市委书记上任之初的空气质量恶化虽然有可能真的是企业利用"责任空档期"的逻辑突击排污，但年轻的新书记抑制这种突击排污则说明这至少不是市委书记在有意纵容企业的排污。

表 6 - 11　　　　新任市委书记年龄与上任之初的空气质量恶化

变量	(1)\nAQI	(2)\nPM2.5	(3)\nPM10	(4)\n$SO_2$	(5)\n$NO_2$	(6)\nCO	(7)\n$O_3$
更替后 3 月	4.171 ***\n(1.119)	4.052 ***\n(0.998)	4.923 ***\n(1.418)	3.624 ***\n(0.547)	1.318 ***\n(0.324)	0.025 *\n(0.014)	1.230\n(0.977)
更替后 3 月 *\n年轻新书记	- 2.676 *\n(1.522)	- 2.615 **\n(1.323)	- 2.001\n(2.025)	- 2.513 ***\n(0.758)	- 1.358 ***\n(0.458)	0.030\n(0.019)	- 2.721 **\n(1.319)
N	101 277	101 277	101 277	101 277	101 277	101 277	101 277
R^2	0.402	0.384	0.416	0.537	0.554	0.473	0.502

注：①表中同时控制了天气变量、城市固定效应、年度效应、月度效应、星期效应、节假日效应、星期几效应等，为节省空间未予标识；②（ ）内数值为回归系数的异方差稳健标准误；③ * 、** 和 *** 分别表示 10%、5% 和 1% 的显著性水平。

6.5.4　官员更替震慑效应的溢出性质

为了进一步验证官员更替对空气污染的影响是基于震慑效应，本研究

① 此时的回归不包含市委书记更替前后 1 个月的样本。

从空间的角度考察官员更替对空气污染影响的溢出效应。作为同一个官场紧密相连的共同体，某一地区官员更替对政企合谋的震慑效应，可能并不仅限于当地，还可能溢出到其他地区。同属于一个省份的各地市官员，同属于一个共同上级，在自上而下的官员管理体制中，构成了最直接的互动关系。而且，同属于一个省区的各地市，在经济、社会和政治等方面的特征也更加相近，在政治和经济层面的交流也更加频繁。因此，本研究猜测某一城市主要官员的更替，不仅对本地产生震慑效应，还会对同省的其他城市产生震慑效应。为了检验这一猜测，本研究将同一个省份作为一组，该组内只要有一个城市市委书记更替，就视作该省所有城市均发生官员更替，并将每一个市委书记更替前后 30 天作为更替时间窗口期，纳入回归。而且，为了排除官员更替对本城市空气污染的影响干扰到本研究的估计，本研究将各城市自身官员更替日期前后 30 天的样本删除。表 6 - 12 的回归结果显示，省内任何一位市委书记的官员更替，对本省其他城市的 SO_2 都有显著的改善效应，尽管改善的幅度较对本城市的影响大幅下降（改善比例仅占样本期 SO_2 平均浓度的 1.5%），对其他污染物的影响则显著性较差或不显著。

表 6 - 12　　　　　官员更替对同省其他城市的震慑效应

	（1）AQI	（2）PM2.5	（3）PM10	（4）SO_2	（5）NO_2	（6）CO	（7）O_3
同省更替	- 0.149 (0.284)	0.270 (0.254)	- 0.577 (0.359)	- 0.472*** (0.142)	- 0.210** (0.091)	0.001 (0.004)	- 0.498* (0.255)
N	141 450	141 450	141 450	141 450	141 450	141 450	141 450
R^2	0.397	0.379	0.412	0.537	0.536	0.459	0.505

注：①表中同时控制了天气变量、城市固定效应、年度效应、月度效应、星期效应、节假日效应、星期几效应等，为节省空间未予标识；②（）内数值为回归系数的异方差稳健标准误；③ *、** 和 *** 分别表示 10%、5% 和 1% 的显著性水平。

表 6 - 12 的实证结果发现城市主要官员的更替，可以对其他城市的空气污染也产生影响，但要想得到震慑效应可以溢出到其他地区的结论，还要再谨慎一些，因为也可能是因为城市主要官员的更替虽然只会对本城市产生震慑效应进而改善空气质量，但空气是自由流动的，本城市空气质量

的改善，也可能会直接导致周边城市空气质量跟着改善。为了排除这一解释，本研究借鉴现有文献的做法，构造一种"纯粹地理相邻"的对照组（郭峰和胡军，2016；Shi and Xi，2016）。这其中的基本逻辑是，空气污染的扩散效应不会因是否同属于一个省份而不同，而只会影响地理相近的城市，因此本研究只选择与样本城市距离相近，但又不属于同一个省份的城市，作为空气污染扩散效应的检验。具体而言，本研究在全国所有 300 多个城市当中，选择距离每一个样本城市距离最近的 5 个城市，作为扩散效应的检验，但排除同一个省份的城市以及不在本研究 160 个样本城市之内的城市。将样本城市官员更替时间，也视作这一"纯粹地理相邻"城市组的更替时间，进行回归。当然，这里也继续将各城市自身官员更替日期前后 30 天的样本删除。表 6 - 13 的回归结果显示，此时，官员更替对 SO_2 影响不再显著。因此，我们就排除了表 6 - 12 的回归结果是由于空气污染的扩散效应的结论，某城市官员更替对同省其他城市 SO_2 也产生改善影响，是因为也对这些地区产生了震慑效应。

表 6 - 13 官员更替对他省临近城市的影响

	(1) AQI	(2) PM2.5	(3) PM10	(4) SO_2	(5) NO_2	(6) CO	(7) O_3
异省临近 更替	- 0.549 (0.668)	- 1.024 * (0.586)	- 1.059 (0.846)	0.363 (0.357)	0.192 (0.214)	- 0.033 *** (0.009)	1.418 ** (0.551)
N	141 450	141 450	141 450	141 450	141 450	141 450	141 450
R^2	0.397	0.379	0.412	0.537	0.536	0.459	0.505

注：①表中同时控制了天气变量、城市固定效应、年度效应、月度效应、星期效应、节假日效应、星期几效应等，为节省空间未予标识；②（ ）内数值为回归系数的异方差稳健标准误；③ * 、 ** 和 *** 分别表示 10% 、5% 和 1% 的显著性水平。

6.6

本章小结

本章从官员更替入手，创新性地讨论了中国城市严重的空气污染的政企合谋缘由。本章认为，政企合谋是中国城市严重的空气污染的一个重要原因，官员任期越长越稳定，这种政企合谋现象就越严重。而官员的更替，有助于对这种政企合谋形成一种震慑效应，降低政企合谋的程度，从而可以改善空气质量，特别是那些受政企合谋影响相对更大的单项空气污染物。本章的实证分析证明了这种逻辑的成立，而多种稳健性、异质性、滞后性和溢出性的分析，均表明本章的这一逻辑是非常有说服力的。另外，官员更替前后出现的大气中 SO_2、CO 等受政企合谋影响加强的污染物浓度显著下降的现象，也可以认为是一种"动员式治理"所带来的"雾霾的临时性改善"，实证结果表明，与本书第 4 章和第 5 章的结论类似，这种"动员式治理"所带来的"雾霾的临时性改善"也是不具有可持续性的。

本章的实证结论具有重要的现实意义，从官员治理角度而言，官员更替为提高政府治理水平提供了新的思路，官员更替对当地的政企合谋形成了震慑效应。但是，官员更替虽然能够在短期内起到减少企业非法排污行为的作用，但随着时间的推进，震慑效应会下降，甚至会建立起新的合谋关系，空气污染可能又会重回原貌。因此，本书的研究结论启示我们，仅仅依靠对地方官员的人事控制并不能完全解决空气污染治理的问题。长远看来，关键还是要完善官员治理机制，加强法制建设和舆论监督，杜绝政企合谋的空间，建立"亲""清"的新型政商关系。

第7章

总结与政策建议

本章首先总结全书的主要结论，其次就主要结论提炼出有助于中国雾霾治理的政策建议和启示，最后说明本研究的不足之处以及进一步的研究展望。

7.1

主要结论

通过前面各章节的研究和分析，本书得出以下主要结论：在政治敏感时期，中国政府在雾霾治理中存在"动员式治理"的现象。所谓"动员式治理"是指在某些特殊敏感时期，采取超过平常时期常规举措的治理雾霾策略。本书的研究发现"动员式治理"确实会使得雾霾出现临时性改善，但这一改善往往十分短暂，并不具有可持续性，"动员式治理"过后不久，雾霾便恢复常态，甚至还会出现政治敏感时期过后，雾霾报复性反弹的现象。具体来说，本研究主要得到以下结论：

第一，政治敏感时期，"动员式治理"确实会导致雾霾状况改善。本书的三个实证研究均发现，在某些特殊敏感时期，雾霾确实会临时性改善。例如，无论是地方"两会"期间，还是环保部约谈后一段时间，以及地方主要官员更替前后，均出现了雾霾的临时性改善。这说明"动员式治理"导致的短暂的"政治性蓝天"不仅仅只出现在关乎"国际形象"的阅兵和国际会议期间，而是各地环境污染治理的形象工程的常规性举措。

第二，地方政府和官员对雾霾的治理，呈现典型的"头痛医头、脚痛医脚"的特征。根据本书的实证结论，可以发现地方政府和官员对雾霾的治理，有鲜明的上级考核和关注什么，就治理什么，不考核和不关注的污染物，就选择性忽略。例如，本书的实证研究发现各城市"两会"召开期间，空气质量的改善主要发生在 PM2.5、PM10、SO$_2$ 等考核更重视、民众更关注的污染指标上，而对于 NO$_2$ 和 O$_3$ 等污染指标，"两会"召开的影响就不怎么显著。而环保部约谈的实证分析也发现，如果城市是因为空气污染原因被约谈的，则约谈有显著的空气污染治理效果，但如果该城市不是因为空气污染原因被约谈的，则约谈对其空气污染就没有影响。对单项污染物的分析（PM2.5、PM10、SO$_2$、CO、NO$_2$、O$_3$）也发现，约谈的治霾效果主要体现在 PM2.5 和 PM10 上，而对其他污染物没有系统性的显著影响，这与目前空气污染治理主要就是考核 PM2.5 和 PM10 完全一致。而官员更替前后，SO$_2$、CO 等空气污染物明显下降，AQI 以及其他空气污染物则没有明显变化，这是因为 SO$_2$、CO 等空气污染物深受政企合谋影响，其他污染物受政企合谋影响则相对较弱，与上述的实证发现的逻辑也完全契合。

第三，动员式治理导致的雾霾改善有效期很短，而且可能伴随报复性的污染反弹。本书的实证研究发现，这种依赖短期重视环境保护创造的"政治性蓝天"虽然美好，却没有可持续性。政治敏感时期过后不久，雾霾就会恢复常态，甚至还会以政治事件过后更严重的报复性污染为代价。这也充分说明，这种"政治性蓝天"完全是一个地方政府应付上级和民众的形象工程，是不值得倡导的，不可取的治理方式。

第四，政企合谋是造成中国城市严重空气污染的一个重要原因。本研究从官员更替入手，创新性地讨论了中国城市严重的空气污染的政企合谋缘由。具体而言，本研究发现对于反腐中落马的市委书记，或任期较长的市委书记，其更替前后大气中 SO$_2$ 等空气污染物浓度的下降幅度更加明显。这印证了政企合谋是中国城市严重的空气污染的一个重要原因，官员任期越长越稳定，这种政企合谋现象就越严重。而官员的更替，有助于对这种政企合谋形成一种震慑效应，降低政企合谋的程度，从而可以改善空气质量，特别是那些受政企合谋影响相对更大的单项空气污染物。

7.2

政策建议

本研究通过分析地方政府和官员对雾霾的"动员式治理"及其效果，发现雾霾的"动员式治理"的效果虽然在短期内有效，但不具有可持续性。因此，必须深刻认识到，雾霾的完全治理绝非短期内就可以全部实现的，长效治霾机制亟待建立，必须有长效的制度安排，而不是短期的热情。这对于当前中国的有效治理雾霾问题，具有重要的政策参考价值。具体而言，根据本研究的结论，可以提炼出以下四点政策建议：

第一，改变地方政府的考核内容和考核方式，将环境保护更多地纳入官员日常考核机制。目前，中央政府对地方政府的考核仍以 GDP 为主，虽然近年来已经将环境保护也纳入到考核内容当中，但力度似乎仍然不够。正如本书的研究发现，尽管在某些特殊敏感时期，地方政府可能会更重视环境保护，但这种政治敏感时期过后，环境就会重新回到被牺牲的地位，仍然有很大的激励使地方政府牺牲掉环境，保经济增长。因此，有必要加大地方政府官员考核中环境保护所占的分量，促进地方政府和官员增加对环境保护的重视。而且，除在考核内容中增加环境保护以外，还要完善考核方式，避免被考核者在环境保护和经济增长上"套利"。此外，目前，中国实行上级对下级进行考核的方式，其实也可以加入本地居民对当地政府的考核，原因在于地方居民对当地环境优劣更为敏感和关注。

第二，应以"约谈"为重要抓手，建立健全环保"督政组合拳"。本研究的实证研究结果显示，至少在短期内，环保部约谈还是有一定治理效果的，特别是约谈聚焦的领域，治理效果更加明显。因此，环保部约谈制度要继续坚持和完善。一方面，要以约谈制度为重要抓手，建立约谈与相关事宜的联动机制。环保部门和组织部门要联动，环保约谈整改情况要报被约谈方上级组织部门，纳入官员考核指标体系。另一方面，应通过媒体介入和公众参与等方式进一步加大信息公开力度，在约谈过程中视情况邀请媒体、人大代表、群众代表等列席，拓宽公众监督整改落实情况的途径。约谈会议纪要和整改报告全部公开，接受公众和媒体监督，给地方政府施加压力。在环境保护执法上，也应该加大环境保护部门在处罚污染单位时的权限，使环境保护走上常态化轨道，而不是现在这样过于依赖"约谈"等运动式环保执法。

第三，应继续加强环保部门权威和环境保护垂直管理力度，完善环境管理体制。本书的多个实证结果都显示，地方政府对中央政府和环保部约谈的反应是考核什么就治理什么，约谈什么就治理什么，而没有考核和指正的，不管其程度如何，就选择性无视。因此，还要继续完善环境管理体制，实现环境保护的绿色可持续治理。偌大一个国家方方面面的工作若要有条不紊地进行，必然离不开地方政府的具体负责和执行。因此，属地化管理这种中国式分权成为改革开放以来中国经济实现跨越式增长的重要经验。与此同时，中央政府又设置了种种垂直管理来制衡地方政府各自为政、恶性竞争的负面影响。空气污染具有一定的跨区域负外部性特征，所以迫切需要加强环保部门的权威，来制衡地方政府。在探索环保监测督察执法垂直管理的同时，还是要加强上级环保部门对下级地方政府的督察和巡视。

第四，应完善官员治理机制，建立"亲""清"的新型政商关系。本书实证研究显示，政企合谋是造成空气污染的一个重要成因。虽然从官员治理角度而言，官员更替为提高政府治理水平提供了新的思路，官员更替对当地的政企合谋形成了震慑效应。但是，官员更替虽然能够在短期内起到减少企业非法排污行为的作用，但随着时间的推进，震慑效应会下降，甚至会建立起新的合谋关系，空气污染可能又会重回原貌。因此，本研究认为，虽然官员的人事变更一定程度上能够缓解"政企合谋"所带来的环境污染治理不力问题，但是仅仅依靠对地方官员的人事控制并不能完全解决这一问题，人事变动机制并非"长效"机制。长远看来，要提高环境治理水平，需要完善官员治理机制，加强法制建设和舆论监督，杜绝政企合谋，建立"亲""清"的新型政商关系。

第五，应加快产业结构转型升级，走符合中国国情的绿色发展之路。本书研究结论的一个重要启示就是，雾霾的治理不能靠临时性的重视和管制，而是必须要有耐心，持之以恒，采取与"动员式治理"相对应的经济发展与环境改善协调发展的长期的理性的可持续性的治理模式。雾霾问题的根源是发展阶段和发展方式的问题，当前中国正处在高速发展的进程当中，高能耗带来的高污染在所难免，因此，欲从根源上解决中国当前严峻的雾霾问题，必须加快产业结构转型升级的步伐。要切实稳妥地淘汰落后产能，并将这项工作同地方政府的政绩考核相挂钩，而不是平常放任不管，敏感时期暂时停产以应付检查。而且，要求转变地方政府的考核内容，不再单单以 GDP 论英雄，这不仅仅应该是对地方政府提出的发展要求，更应该是对整个国家的发展战略提出的要求。尤其是考虑到中国的具体国情，在互联网时代的今天，国家的发展战略不应当一味强调社会经济的快速发展，而更应该强调追求生活的质量和品质。只有调整好了国家的发展战略，地方政府才会彻底摒弃以往的晋升锦标赛理论，才会放弃牺牲环境保经济增长的做法。全社会应该倡导一种质量型的消费理念而非低端的物质消耗，降低不必要的能源消耗、丰富生活的内涵，提高民众幸福指数，走出一条符合中国国情的绿色发展之路。

可以肯定的是，中国的雾霾问题只是当前中国在快速发展阶段上遇到的一个不小的"瓶颈"，它并不是一道无解的难题，解决雾霾这道难题有千千万万种方式，就本研究的研究结论来看，雾霾的确是可控可治理的，只不过需要采取的是更长期的可持续的治霾方式而非短期的动员式治霾。雾霾的治理应该要有更持久的措施，我们对于政府治霾也要有更多的耐心，只要我们坚持治理雾霾的决心不减，碧水蓝天的美好环境一定可以实现。

7.3

研究展望

本研究分析了近年来中国地方政府的雾霾动员式治理的行为及其治霾效果，为雾霾的长效治理工作提供了参考，具有重要的现实意义。但本研究也存在着不足，未来可进一步深入探讨。

本研究涵盖了近年来三种具有代表意义的地方政府动员式治霾行为，并考察和分析了其治霾效果，从而构成了本研究的三个主要研究内容。本研究在研究内容的深度和广度上，还可以做进一步的拓展。

　　在研究内容的深度上，本研究可以进一步将研究的时间跨度延长至2013 年之前的年份。众所周知，2013 年在中国雾霾史上是极为重要的一年，在 2013 年中国的 PM2.5 监测多次出现大规模爆表事件，也是在 2013年，"PM2.5""雾霾"这样的专业词语被寻常百姓所熟知。在 2013 年之前，空气污染问题尚没有引起举国上下的一致重视。因此，如果可以对比考察 2013 年之前地方"两会"召开期间以及 2013 年之前地方主要官员更替前后的空气质量情况，本研究将会有趣的多。无奈受数据所限，本研究并没能将研究的时间跨度拓展至 2013 年之前的年份，此乃本研究一憾事，同时也是本研究的一个研究展望。

　　在研究内容的广度上，本研究可以进一步扩充动员式治霾的范围。本研究从某种意义上初探了地方政府考核指标、央地关系以及政企合谋等领域对于雾霾治理的效果，这些都是鲜有人去研究的。从行政干预的角度来看，还有大量没有被触及的领域有待于结合雾霾治理及治霾效果进行研究。由于精力和篇幅有限，同时为了符合本书动员式治霾及其效果的研究主题，本研究并没有纳入更多的不那么具代表性的动员式治霾行为，这也为本研究的进一步拓展提供了可能，成为本研究的一个研究展望。

参 考 文 献

［1］包群，陈媛媛，宋立刚．外商投资与东道国环境污染：存在倒"U"型曲线关系吗？［J］．世界经济，2010（1）：3－17.

［2］包群，邵敏，杨大利．环境管制抑制了污染排放吗？［J］．经济研究，2013（12）：42－54.

［3］包群，彭水军．经济增长与环境污染［J］．世界经济，2006（11）：48－58.

［4］蔡昉，都阳，王美艳．经济发展方式转变与节能减排内在动力［J］．经济研究，2008（6）：4－11.

［5］曹静，王鑫，钟笑寒．限行政策是否改善了北京市的空气质量［J］．经济学（季刊），2014，13（3）：1091－1126.

［6］曹彩虹，韩立岩．雾霾带来的社会健康成本估算［J］．统计研究，2015（7）：19－23.

［7］陈楚洁．动员式治理中的政府组织传播：南京个案［J］．重庆社会科学，2009（9）：105－109.

［8］柴发合，李艳萍，乔琦，王淑兰．我国大气污染联防联控环境监管模式的战略转型［J］．环境保护，2013（5）：22－24.

［9］陈刚，李树．官员交流，任期与反腐败［J］．世界经济，2012（2）：120－142.

［10］陈诗一．中国的绿色工业革命——基于环境全要素生产率视角的解释（1980～2008）［J］．经济研究，2010a，11：21－34.

［11］陈诗一．节能减排与中国工业的双赢发展：2009～2049［J］．经济研究，2010b，45（3）：129－143.

［12］陈诗一．中国各地区低碳经济转型进程评估［J］．经济研究，

2012 (8): 32 - 44。

[13] 陈硕, 陈婷. 空气质量与公共健康: 以火电厂二氧化硫排放为例 [J]. 经济研究, 2014 (8): 158 - 169.

[14] 陈艳艳, 罗党论. 地方官员更替与企业投资 [J]. 经济研究, 2012 (2): 18 - 30.

[15] 东童童, 李欣, 刘乃全. 空间视角下工业集聚对雾霾污染的影响——理论与经验研究 [J]. 经济管理, 2015, 37 (9): 29 - 41.

[16] 杜万平. 对我国环境部门实行垂直管理的思考 [J]. 中国行政管理, 2006 (3): 99.

[17] 格里·斯托克, 华夏风. 作为理论的治理: 五个论点 [J]. 国际社会科学杂志: 中文版, 1999 (1): 19 - 30.

[18] 范子英, 田彬彬. 政企合谋与企业逃税: 来自国税局长异地交流的证据 [J]. 经济学 (季刊), 2016, 15 (3): 1303 - 1328.

[19] 冯志峰. 中国运动式治理的定义及其特征 [J]. 中共银川市委党校学报, 2007, 9 (2): 29 - 32.

[20] 葛察忠, 王金南, 翁智雄, 段显明. 环保督政约谈制度探讨 [J]. 环境保护, 2015 (12): 23 - 26.

[21] 顾为东. 中国雾霾特殊形成机理研究 [J]. 宏观经济研究, 2014 (6): 3 - 7.

[22] 郭峰, 胡军. 地区金融扩张的竞争效应和溢出效应——基于空间面板模型的分析 [J]. 经济学报, 2016 (2): 1 - 20.

[23] 郭峰, 刘冲. 风动还是帆动: 银监局局长更替与城商行策略性信息披露 [J]. 金融学季刊, 2016 (3): 85 - 106.

[24] 韩晶, 陈超凡, 施发启. 中国制造业环境效率, 行业异质性与最优规制强度 [J]. 统计研究, 2014 (3): 61 - 67.

[25] 郝明辉. 浅谈雾霾天气形成的前期原因与防治对策 [J]. 河南科技: 上半月, 2013 (2): 176 - 176.

[26] 何瑜. 从厦门PX项目事件看我国环境影响评价中的公众参与制度 [J]. 法制与社会, 2007 (9): 547 - 548.

[27] 洪传洁, 阚海东, 陈秉衡. 城市大气污染健康危险度评价的方

法——第五讲大气污染对城市居民健康危害的定量评估（续五）[J]．环境与健康杂志，2005，22（1）：62－64．

［28］胡明．论行政约谈——以政府对市场的干预为视角［J］．现代法学，2015，37（1）：24－31．

［29］胡伟，魏复盛．儿童呼吸健康与颗粒物中元素浓度的关联分析［J］．安全与环境学报，2003，3（1）：8－12．

［30］黄科．运动式治理：基于国内研究文献的述评［J］．中国行政管理，2013（10）：26．

［31］康晓光．权力的转移［M］．杭州：浙江人民出版社，1999．

［32］李国平，张文彬．地方政府环境保护激励模型设计——基于博弈和合谋的视角［J］．中国地质大学学报：社会科学版，2013，13（6）：40－45．

［33］李静，杨娜，陶璐．跨境河流污染的"边界效应"与减排政策效果研究——基于重点断面水质监测周数据的检验［J］．中国工业经济，2015（3）：31－43．

［34］李猛．财政分权与环境污染——对环境库兹涅茨假说的修正［J］．经济评论，2009（5）：54－59．

［35］李树，陈刚．环境管制与生产率增长——以 APPCL2000 的修订为例［J］．经济研究，2013（1）：17－31．

［36］李里峰．运动式治理：一项关于土改的政治学分析［J］．福建论坛（人文社会科学），2010（4）：71－77．

［37］黎文靖，郑曼妮．空气污染的治理机制及其作用效果——来自地级市的经验数据［J］．中国工业经济，2016（4）：93－109．

［38］练宏．弱排名激励的社会学分析——以环保部门为例［J］．中国社会科学，2016（1）：82－99．

［39］梁平汉，高楠．人事变更，法制环境和地方环境污染［J］．管理世界，2014（6）：65－78．

［40］梁若冰，席鹏辉．轨道交通对空气污染的异质性影响：基于RDID方法的经验研究［J］．中国工业经济，2016（3）：83－98．

［41］林伯强，蒋竺均．中国二氧化碳的环境库兹涅茨曲线预测及影

响因素分析 [J]. 管理世界, 2009 (4): 27 - 36.

[42] 林立国, 孙韦. 我国环境规制改革缓解了省际边界污染问题吗？
[R]. 第十四届中国青年经济学者论坛. 北京: 北京大学, 2014.

[43] 刘宇, 陈诗一. 蔡松锋. 2050 年全球八大经济体 BAU 情境下的
二氧化碳排放——基于全球动态能源和环境 GTAP-Dyn—E 模型 [J]. 世界
经济文汇, 2013 (6): 28 - 38.

[44] 刘运国, 刘梦宁. 雾霾影响了重污染企业的盈余管理吗？——基
于政治成本假说的考察 [J]. 会计研究, 2015 (3): 26 - 33.

[45] 龙硕, 胡军. 政企合谋视角下的环境污染: 理论与实证研究
[J]. 财经研究, 2014 (10): 131 - 144.

[46] 陆旸. 从开放宏观的视角看环境污染问题: 一个综述 [J]. 经济
研究, 2012 (2): 146 - 158.

[47] 马丽梅, 张晓. 中国雾霾污染的空间效应及经济、能源结构影
响 [J]. 中国工业经济, 2014 (4): 19 - 31.

[48] 聂辉华, 李金波. 政企合谋与经济发展 [J]. 经济学（季刊）,
2006, 6 (1): 75 - 90.

[49] 聂辉华, 李翘楚. 中国高房价的新政治经济学解释——以 "政
企合谋" 为视角 [J]. 教学与研究, 2013 (1): 50 - 62.

[50] 聂辉华, 王梦琦. 政治周期对反腐败的影响——基于 2003 ~
2013 年中国厅级以上官员腐败案例的证据 [J]. 经济社会体制比较, 2014
(4): 127 - 140.

[51] 聂辉华, 张雨潇. 分权、集权与政企合谋 [J]. 世界经济, 2015
(6): 3 - 21.

[52] 毛寿龙, 周晓丽. 环保: 杜绝运动式——以山西和无锡的个案
为例 [J]. 中国改革, 2007 (9): 64 - 65.

[53] 毛泽东选集（第4卷）[M]. 北京: 人民出版社, 1991: 1298.

[54] 潘孝珍. 财政分权与环境污染: 基于省级面板数据的分析 [J].
地方财政研究, 2009 (7): 29 - 33.

[55] 潘越, 宁博, 肖金利. 地方政治权力转移与政企关系重建: 来自地
方官员更替与高管变更的证据 [J]. 中国工业经济, 2015 (6): 135 - 147.

[56] 彭会清,胡海祥,赵根成,等.烟气中硫氧化物和氮氧化物控制技术综述 [J].广西电力,2003,26 (4):64-68.

[57] 彭应登.北京近期雾霾污染的成因及控制对策分析 [J].工程研究:跨学科视野中的工程,2013,5 (3):233-239.

[58] 乔太平."运动式"招商引资该降降温了 [J].瞭望,2007 (5):7-7.

[59] 祁毓,卢洪友,徐彦坤.中国环境分权体制改革研究:制度变迁,数量测算与效应评估 [J].中国工业经济,2014 (1):31-43.

[60] 任剑锋,王增长,牛志卿.大气中氮氧化物的污染与防治 [J].科技情报开发与经济,2003,13 (5):92-93.

[61] 茹少峰,雷振宇.我国城市雾霾天气治理中的经济发展方式转变 [J].西北大学学报:哲学社会科学版,2014,44 (2):90-93.

[62] 邵帅,李欣,曹建华,等.中国雾霾污染治理的经济政策选择——基于空间溢出效应的视角 [J].经济研究,2016,51 (9):73-88.

[63] 沈能.工业集聚能改善环境效率吗?——基于中国城市数据的空间非线性检验 [J].管理工程学报,2014 (3):57-63.

[64] 石光,周黎安,郑世林,等.环境补贴与污染治理——基于电力行业的实证研究 [J].经济学 (季刊),2016,15 (3):1439-1462.

[65] 石庆玲,郭峰,陈诗一.雾霾治理中的"政治性蓝天"——来自中国地方"两会"的证据 [J].中国工业经济,2016 (5):40-56.

[66] 孙立平.动员与参与:第三部门募捐机制个案研究 [M].杭州:浙江人民出版社,1999.

[67] 唐皇凤.常态社会与运动式治理——中国社会治安治理中的"严打"政策研究 [J].开放时代,2007 (3):115-129.

[68] 唐贤兴.中国治理困境下政策工具的选择——对"运动式执法"的一种解释 [J].探索与争鸣,2009 (2):31-35.

[69] 王兵,吴延瑞,颜鹏飞.中国区域环境效率与环境全要素生产率增长 [J].经济研究,2010 (5):95-109.

[70] 王利.我国环保行政执法约谈制度探析 [J].河南大学学报:社会科学版,2014,54 (5):62-69.

［71］王敏，黄滢．中国的环境污染与经济增长［J］．经济学（季刊），2015，14（2）：557－578．

［72］王金南，宁淼，孙亚梅．区域大气污染联防联控的理论与方法分析［J］．环境与可持续发展，2012，37（5）：5－10．

［73］王乃宁，虞先煌，竺晓程．烟尘和粉尘排放浓度的直接和连续测量［J］．环境科学学报，2001，21（6）：679－683．

［74］汪卫华．群众动员与动员式治理——理解中国国家治理风格的新视角［J］．上海交通大学学报（哲学社会科学版），2014（5）：007．

［75］王贤彬，黄亮雄，徐现祥．高官落马遏制腐败了吗？——来自震慑效应的解释［J］．世界经济文汇，2016（2）：1－23．

［76］王贤彬，徐现祥．地方官员来源，去向，任期与经济增长［J］．管理世界，2008（3）：16－26．

［77］王贤彬，徐现祥，李郇．地方官员更替与经济增长［J］．经济学（季刊），2009，8（4）：1301－1328．

［78］魏复盛，胡伟，滕恩江，吴国平．空气污染与儿童呼吸系统患病率的相关分析［J］．中国环境科学，2000，20（3）：220－224．

［79］魏复盛，胡伟，吴国平，等．空气污染与儿童肺功能指标的相关分析［J］．中国环境科学，2001，21（5）：385－389．

［80］席鹏辉．财政激励、环境偏好与垂直式环境管理——纳税大户议价能力的视角［J］．中国工业经济，2017（11）：100－117．

［81］席鹏辉，梁若冰．油价变动对空气污染的影响：以机动车使用为传导途径［J］．中国工业经济，2015（10）：100－114．

［82］许广月，宋德勇．中国碳排放环境库兹涅茨曲线的实证研究［J］．中国工业经济，2010（5）：37－47．

［83］许和连，邓玉萍．外商直接投资导致了中国的环境污染吗？——基于中国省际面板数据的空间计量研究［J］．管理世界，2012（2）：30－43．

［84］徐现祥，李书娟．政治资源与环境污染［J］．经济学报，2015（1）：1－24．

［85］薛钢，潘孝珍．财政分权对中国环境污染影响程度的实证分析

[J]. 中国人口资源与环境, 2012, 22 (1): 77-83.

[86] 杨海生, 陈少凌, 周永章. 地方政府竞争与环境政策——来自中国省份数据的证据 [J]. 南方经济, 2008 (6): 15-30.

[87] 杨继东, 章逸然. 空气污染的定价: 基于幸福感数据的分析 [J]. 世界经济, 2014 (12): 162-188.

[88] 杨其静, 聂辉华. 保护市场的联邦主义及其批判 [J]. 经济研究, 2008 (3): 99-114.

[89] 杨新影. 空气污染是肺癌的首因 [J]. 中国现代药物应用, 2013, 7 (22): 226-227.

[90] 尹振东. 垂直管理与属地管理: 行政管理体制的选择 [J]. 经济研究, 2011 (4): 41-54.

[91] 应千伟, 刘劲松, 张怡. 反腐与企业价值——来自中共十八大后反腐风暴的证据 [J]. 世界经济文汇, 2016 (3): 42-63.

[92] 于文超, 何勤英. 辖区经济增长绩效与环境污染事故——基于官员政绩诉求的视角 [J]. 世界经济文汇, 2013 (2): 20-35.

[93] 曾贤刚, 谢芳, 宗佺. 降低 PM2.5 健康风险的行为选择及支付意愿——以北京市居民为例 [J]. 中国人口资源与环境, 2015, 25 (1): 127-133.

[94] 张莉, 高元骅, 徐现祥. 政企合谋下的土地出让 [J]. 管理世界, 2013 (12): 43-51.

[95] 张莉, 徐现祥, 王贤彬. 地方官员合谋与土地违法 [J]. 世界经济, 2011 (3): 72-88.

[96] 张军, 陈诗一, Jefferson G. H. 结构改革与中国工业增长 [J]. 经济研究, 2009 (7): 4-20.

[97] 张军, 高远. 官员任期, 异地交流与经济增长——来自省级经验的证据 [J]. 经济研究, 2007, 42 (11): 91-103.

[98] 张虎祥. 动员式治理中的社会逻辑——对上海 K 社区一起拆违事件的实践考察 [J]. 公共管理评论, 2006 (2): 005.

[99] 张克中, 王娟, 崔小勇. 财政分权与环境污染: 碳排放的视角 [J]. 中国工业经济, 2011 (10): 65-75.

[100] 赵华军. 关于运动式行政执法的综合思考——从某市整治"黑车"说起 [J]. 人大研究, 2007 (4): 24 – 27.

[101] 张征宇, 朱平芳. 地方环境支出的实证研究 [J]. 经济研究, 2010 (5): 82 – 94.

[102] 郑思齐, 万广华, 孙伟增, 罗党论. 公众诉求与城市环境治理 [J]. 管理世界, 2013 (6): 72 – 84.

[103] 中国环境状况公报 [R]. 2013.

[104] 中国环境状况公报 [R]. 2015.

[105] 周黎安. 晋升博弈中政府官员的激励与合作——兼论我国地方保护主义和重复建设问题长期存在的原因 [J]. 经济研究, 2004 (6): 33 – 40.

[106] 周黎安. 中国地方官员的晋升锦标赛模式研究 [J]. 经济研究, 2007 (7): 36 – 50.

[107] 周晓虹. 1951—1958: 中国农业集体化的动力——国家与社会关系视野下的社会动员 [J]. 中国研究, 2005 (1).

[108] 朱晓燕, 王怀章. 对运动式行政执法的反思——从劣质奶粉事件说起 [J]. 青海社会科学, 2005 (1): 135 – 138.

[109] 朱英明, 杨连盛, 吕慧君, 等. 资源短缺, 环境损害及其产业集聚效果研究——基于 21 世纪我国省级工业集聚的实证分析 [J]. 管理世界, 2012 (11): 28 – 44.

[110] 左翔, 李明. 环境污染与居民政治态度 [J]. 经济学 (季刊), 2016, 15 (3): 1409 – 1438.

[111] Andrews, S. Q., Inconsistencies in Air Quality Metrics: 'Blue Sky' Days and PM10 Concentrations in Beijing [J]. Environmental Research Letters, 2008, 3 (3): 034009.

[112] Arceo-Gomez E. O., Hanna, R., Oliva, P., Does the Effect of Pollution on Infant Mortality Differ between Developing and Developed Countries? Evidence from Mexico City [R]. National Bureau of Economic Research, 2012, No. w18349.

[113] Beatty, T., K. M., Shimshack, J. P., Air Pollution and

Children's Respiratory Health: A Cohort Analysis [J]. Journal of Environmental Economics and Management, 2014, 67 (1): 39 – 57.

[114] Boldo, E., Medina, S., Le, Tertre, A., Hurley, F., Mücke, H. G., Ballester, F., and Aguilera, I., Apheis: Health Impact Assessment of Long-term Exposure to PM2.5 in 23 European Cities [J]. European Journal of Epidemiology, 2006, 21 (6): 449 – 458.

[115] Brauer, M., Amann, M., Burnett, R. T., Cohen, A., Dentener, F., Ezzati, M., ... and Van Donkelaar, A. Exposure Assessment for Estimation of the Global Burden of Disease Attributable to Outdoor Air Pollution [J]. Environmental Science and Technology, 2012, 46 (2): 652.

[116] Cai, H., Chen, Y., Qing, G., Polluting thy Neighbor: The Case of River Pollution in China [R]. Peking University Working Paper. Peking University, Beijing, 2012.

[117] Cesur, R., Tekin, E., Ulker, A., Air Pollution and Infant Mortality: Evidence from the Expansion of Natural Gas Infrastructure [J]. The Economic Journal, 2016.

[118] Chay, K. Y., Greenstone, M., The Impact of Air Pollution on Infant Mortality: Evidence from Geographic Variation in Pollution Shocks Induced by A Recession [J]. The quarterly journal of economics, 2003, 118 (3): 1121 – 1167.

[119] Chang, T., Zivin, J. S. G., Gross, T., and Neidell, M. J., Particulate Pollution and the Productivity of Pear Packers [R]. National Bureau of Economic Research, 2014, No. w19944.

[120] Chang, T., Zivin, J. G., Gross, T., and Neidell, M., The Effect of Pollution on Worker Productivity: Evidence from Call-Center Workers in China [R]. National Bureau of Economic Research, 2016, No. w22328.

[121] Chen, Y., A. Ebenstein, M. Greenstone, and H. Li. Evidence on the Impact of Sustained Exposure to Air Pollution on Life Expectancy from China's Huai River Policy [J]. Proceedings of the National Academy of Sciences, 2013, 110 (32): 12936 – 12941.

［122］Chen S. , Santos-Paulino A. U. , Energy Consumption and Carbon Emission Based Industrial Productivity in China: A Sustainable Development A-nalysis［J］. Review of Development Economics, 2013a, 17 (4): 644 –661.

［123］Chen S. , Santos-Paulino A. U. , Energy Consumption Restricted Productivity Re-estimates and Industrial Sustainability Analysis in Post-reform China［J］. Energy Policy, 2013b, 57: 52 –60.

［124］Chen S. , Environmental Pollution Emissions, Regional Productivity Growth and Ecological Economic Development in China［J］. China Economic Review, 2014.

［125］Chen S. , Härdle W K. , Dynamic Activity Analysis Model-based Win-win Development Forecasting under Environment Regulations in China［J］. Computational Statistics, 2014, 29 (6): 1543 –1570.

［126］Chen, Y. , G. Z. Jin, N. Kumar, and G. Shi. , Gaming in Air Pollution Data? Lessons from China［J］. The BE Journal of Economic Analysis and Policy, 2012, 12 (3): 1 –43.

［127］Chen S. , The Evaluation Indicator of Ecological Development Transi-tion in China's Regional Economy［J］. Ecological Indicators, 2015, 51: 42 –52.

［128］Copeland, B. R. , Taylor, M. S. , Trade, Tragedy, and the Com-mons［R］. National Bureau of Economic Research, 2004, No. w10836.

［129］Cole, M. A. , Elliott, R. J. R. , Zhang, J. , Growth, Foreign Di-rect Investment, and the Environment: Evidence from Chinese Cities［J］. Jour-nal of Regional Science, 2011, 51 (1): 121 –138.

［130］Currie, J. , Hanushek, E. A. , Kahn, E. M. , Neidell, M. , and Rivkin, S. G. , Does Pollution Increase School Absences?［J］. The Review of Economics and Statistics, 2009, 91 (4): 682 –694.

［131］Davis, L. W. , The Effect of Driving Restrictions on Air Quality in Mexico City［J］. Journal of Political Economy, 2008, 116 (1): 38 –81.

［132］Dinda, S. , Environmental Kuznets Curve Hypothesis: A Survey ［J］. Ecological Economics, 2004, 49 (4): 431 –455.

［133］Davin, C. , F. R. , Campante and Quoc-Anh D. Instability and the

Incentives for Corruption [J]. Economics and Politics, 2009, 21 (1): 42 – 92.

[134] Deng, H., Zheng, X., Huang, N., and Li, F., Strategic Interaction in Spending on Environmental Protection: Spatial Evidence from Chinese Cities [J]. China and World Economy, 2012, 20 (5): 103 – 120.

[135] Dockey, R. W., German R. F., New Techniques for Reducing Printed Circuit Board Common-Mmode Radiation [C] Electromagnetic Compatibility, 1993: 334 – 339.

[136] Duvivier, C., Xiong, H., Transboundary Pollution in China: A Study of Polluting Firms' Location Choices in Hebei Province [J]. Environment and Development Economics, 2013, 18 (04): 459 – 483.

[137] Durnev, A., The Real Effects of Political Uncertainty: Elections and Investment Sensitivity to Stock Prices [R]. Working Paper. London School of Economics and Political Science, 2010.

[138] Fonken, L. K., Xu, X., Weil, Z. M., Chen, G., Sun, Q., Rajagopalan, S., and Nelson, R. J., Air Pollution Impairs Cognition, Provokes Depressive-like Behaviors and Alters Hippocampal Cytokine Expression and Morphology [J]. Molecular Psychiatry, 2011, 16 (10): 987 – 995.

[139] Fredriksson, P. G., List, J. A., Millimet, D. L., Bureaucratic Corruption, Environmental Policy and Inbound US FDI: Theory and Evidence [J]. Journal of Public Economics, 2003, 87 (7): 1407 – 1430.

[140] Fredriksson, P. G., Svensson, J., Political Instability, Corruption and Policy Formation: The Case of Environmental Policy [J]. Journal of Public Economics, 2003, 87 (7): 1383 – 1405.

[141] Ghanem, D., and J. Zhang, "Effortless Perfection": Do Chinese Cities Manipulate Air Pollution Data? [J]. Journal of Environmental Economics and Management, 2014, 68 (2): 203 – 225.

[142] Gray, W. B., Shadbegian, R. J., When Do Firms Shift Production across States to Avoid Environmental Regulation? [R]. National Bureau of Economic Research, 2002, No. w8705.

[143] Gray, W. B., Shadbegian, R. J., "Optimal" Pollution Abatement-

Whose Benefits Matter, and How Much? [J]. Journal of Environmental Economics and Management, 2004, 47 (3): 510 – 534.

[144] Gilley, B., Authoritarian Environmentalism and China's Response to Climate Change [J]. Environmental Politics, 2012, 21 (2): 287 – 307.

[145] Grossman, G. M., Krueger, A. B., Environmental Impacts of a North American free trade agreement [R]. National Bureau of Economic Research, 1991, No. w3914.

[146] Grossman, G. M., Krueger, A. B., Economic Growth and the Environment [J]. The Quarterly Journal of Economics, 1995, 110 (2): 353 – 377.

[147] Guo, F., and Sun, C., Will Netizens Concern with Corruption More during Polluted Days? Evidence from Chinese Cities, Working Paper, 2017.

[148] HEI (Health Effects Institute). Outdoor Air Pollution Among Top Global Health Risks in 2010: Risks Especially High in Developing Countries in Asia [R], 2010.

[149] Helland, E., Whitford, A. B., Pollution Incidence and Political Jurisdiction: Evidence from the TRI [J]. Journal of Environmental Economics and Management, 2003, 46 (3): 403 – 424.

[150] Heyes, A., Neidell, M., Saberian, S., The Effect of Air Pollution on Investor Behavior: Evidence from the S&P 500 [R]. National Bureau of Economic Research, 2016. No. w22753.

[151] Jia, R., Pollution for Promotion [R]. IIES, Stockholm University, Job Market Paper, 2012.

[152] Jia, R., Nie, H., Decentralization, Collusion and Coalmine Deaths [J]. Review of Economics and Statistics, 2015, 99 (1): 105 – 118.

[153] Jones, B., and Olken, B., Do Leaders Matter? National Leadership and Growth since World War II [J]. The Quarterly Journal of Economics, 2005, 120 (3): 835 – 864.

[154] Julio, B., and Y. Yook., Political Uncertainty and Corporate Investment Cycles [J]. The Journal of Finance, 2012, 67 (1): 45 – 83.

[155] Kahn, M. E., Domestic Pollution Havens: Evidence from Cancer

Deaths in Border Counties [J]. Journal of Urban Economics, 2004, 56 (1): 51 – 69.

[156] Kahn, M. E. , Li, P. , Zhao, D. , Pollution Control Effort at China's River Borders: When Does Free Riding Cease? [R]. National Bureau of Economic Research, 2013, No. w19620.

[157] Keller, W. , Levinson, A. , Pollution Abatement Costs and Foreign Direct Investment Inflows to US States [J]. Review of Economics and Statistics, 2002, 84 (4): 691 – 703.

[158] Lee, D. S. , and T. Lemieux. , Regression Discontinuity Designs in Economics [J]. Journal of Economic Literature, 2010, 48: 281 – 355.

[159] Lee, K. , The Role of Media Exposure, Social Exposure and Biospheric Value Orientation in the Environmental Attitude-intention-behavior Model in Adolescents [J]. Journal of Environmental Psychology, 2011, 31 (4): 301 – 308.

[160] Levinson, A. , Valuing Public Goods Using Happiness Data: The Case of Air Quality [J]. Journal of Public Economics, 2012, 96 (9): 869 – 880.

[116] Levy, T. , Yagil, J. , Air Pollution and Stock Returns in the US [J]. Journal of Economic Psychology, 2011, 32 (3): 374 – 383.

[162] Li, Z. , Folmer, H. , Xue, J. , To What Extent Does Air Pollution Affect Happiness? The Case of the Jinchuan Mining Area, China [J]. Ecological Economics, 2014 (99): 88 – 99.

[163] Li, H. , Zhou, L. A. , Political Turnover and Economic Performance: The Incentive Role of Personnel Control in China [J]. Journal of Public Economics, 2005, 89 (9): 1743 – 1762.

[164] Liang, F. H. , Does Foreign Direct Investment Harm the Host Country's Environment? Evidence from China [J]. Current Topics in Management, 2014 (17): 105 – 121.

[165] Liang, J. , and Langbein, L. , Performance Management, High-Powered Incentives, and Environmental Policies in China [J]. International

Public Management Journal, 2015, 18 (3): 346 – 385.

[166] Liang, X. , T. Zou, B. Guo, S. Li, H. Zhang, P. Zhang, H. Huang, and S. Chen. , Assessing Beijing's PM2. 5 Pollution [A]. Severity, Weather Impact, APEC and Winter Heating [C]. Proc. R. Soc. A: The Royal Society, 2015.

[167] List, J. A. , McHone, W. W. , Millimet, D. L. , Effects of Environmental Regulation on Foreign and Domestic Plant Births: Is There a Home Field Advantage? [J]. Journal of Urban Economics, 2004, 56 (2): 303 – 326.

[168] Lim, S. S. , Vos, T. , Flaxman, A. D. , Danaei, G. , Shibuya, K. , Adair-Rohani, H. , ... and Aryee, M. , A Comparative Risk Assessment of Burden of Disease and Injury Attributable to 67 Risk Factors and Risk Factor Clusters in 21 Regions, 1990 – 2010: A Systematic Analysis for The Global Burden of Disease Study 2010 [J]. The Lancet, 2013, 380 (9859): 2224 – 2260.

[169] Liu, T. , Institutional Investor Protection and Political Uncertainty: Evidence from Cycles of Investment and Elections [D]. Concordia University Montreal, Quebec, Canada, 2010.

[170] Lo, K. , How Authoritarian Is the Environmental Governance of China? [J]. Environmental Science and Policy, 2015 (54): 152 – 159.

[171] Moore, M. , Management Turnovers and Discretionary a Counting Decisions [J]. Journal of Accounting Research, 1973, 11 (2): 100 – 109.

[172] Murphy, K. J. , and J. L. Zimmerman, Financial Performance Surrounding CEO Turnover [J]. Journal of Accounting and Economics, 1993, 16 (1 – 3): 273 – 315.

[173] Nie, H. , M. Jiang, and X. Wang, The Impact of Political Cycle Evidence from Coalmine Accidents in China [J]. Journal of Comparative Economics, 2013, 41 (4): 995 – 1011.

[174] Nie, H. , and Li, J. , Collusion and Economic Growth: A New Perspective on the China Model [J]. Economic and Political Studies, 2013, 1 (2): 18 – 39.

[175] Owen, A. L. , Videras, J. R. , Culture and Public Goods: The Case

of Religion and the Voluntary Provision of Environmental Quality [J]. Journal of Environmental Economics and Management, 2007, 54 (2): 162 – 180.

[176] Pope, III. C. A., Thun, M. J., Namboodiri, M. M., Dockery, D. W., Evans, J. S., Speizer, F. E., and Heath Jr, C. W., Particulate Air Pollution as a Predictor of Mortality in a Prospective Study of US Adults [J]. American journal of respiratory and critical care medicine, 1995, 151 (3_pt_ 1): 669 – 674.

[177] Pope, III. C. A., Burnett, R. T., Thun, M. J., Calle, E. E., Krewski, D., Ito, K., and Thurston, G. D., Lung Cancer, Cardiopulmonary Mortality, and Long-term Exposure to Fine Particulate Air Pollution [J]. Jama, 2002, 287 (9): 1132 – 1141.

[178] Pope, III. C. A., Ezzati, M., Dockery, D. W., Fine-particulate Air Pollution and Life Expectancy in the United States [J]. New England Journal of Medicine, 2009, 360 (4): 376 – 386.

[179] Pourciau, S., Earnings, Management and Nonroutine Manager Turnovers [J]. Journal of Accounting and Economics, 1993, 16 (1): 317 – 336.

[180] Qian, Y., Xu, C., Why China's Economic Reforms Differ: The M-form Hierarchy and Entry/Expansion of the Non-state Sector [J]. Economics of Transition, 1993, 1 (2): 135 – 170.

[181] Rodden, J., The Dilemma of Fiscal Federalism: Grants and Fiscal Performance around the World [J]. American Journal of Political Science, 2002: 670 – 687.

[182] Shi, X., and T. Xi., Neighborhood Effects in Bureaucracy: The Case of Chinese Coal Mine Safety [R]. Working Paper, 2016.

[183] Sigman, H., International Spillovers and Water Quality in Rivers: Do Countries Free Ride? [J]. American Economic Review, 2002, 92 (4): 1152 – 1159.

[184] Sigman, H., Transboundary Spillovers and Decentralization of Environmental Policies [J]. Journal of Environmental Economics and Management, 2005, 50 (1): 82 – 101.

［185］Stoerk, T. , Statistical Corruption in Beijing's Air Quality Data Has Likely Ended in 2012 ［J］. Atmospheric Environment, 2016 (127): 365 - 371.

［186］Tanaka, S. , Environmental Regulations on Air Pollution in China and Their Impact on Infant Mortality ［J］. Journal of Health Economics, 2015 (42): 90 - 103.

［187］Trasande, L. , Attina, T. M. , Sathyanarayana, S. , Spanier, A. J. , and Blustein, J. , Race/Ethnicity-specific Associations of Urinary Phthalates with Childhood Body Mass in A Nationally Representative Aample ［J］. Environmental Health Perspectives (Online), 2013, 121 (4): 501.

［188］Tiebout, C. M. , A Pure Theory of Local Expenditures ［J］. The Journal of Political Economy, 1956: 416 - 424.

［189］Viard, V. B. , and S. Fu. , The Effect of Beijing's Driving Restrictions on Pollution and Economic Activity ［J］. Journal of Public Economics, 2015 (125): 98 - 115.

［190］Wallace, J. L. , Juking the Stats? Authoritarian Information Problems in China ［J］. British Journal of Political Science, 2016, 46 (01): 11 - 29.

［191］Wang, W. , T. Primbs, S. Tao, and S. L. M. Simonich. , Atmospheric Particulate Matter Pollution during the 2008 Beijing Olympics ［J］. Environmental Science and Technology, 2009, 43 (14): 5314 - 5320.

［192］Wang, C. H. , Chen, C. S. , Lin, C. L. , The Threat of Asian Dust Storms on Asthma Patients: A Population-based Study in Taiwan ［J］. Global Public Health, 2014, 9 (9): 1040 - 1052.

［193］World Bank, World Development Report 1992: Development and the Environment, Oxford University Press, 1992.

［194］World Bank. , Cost of Pollution in China ［R］. World Bank, East Asia and Pacific Region, 2007.

［195］Wu, J. , Y. Deng, J. Huang, R. Morck, and B. Yeung. , Incentives and Outcomes: China's Environmental Policy ［J］. Capitalism and Society, 2014, 9 (1): Article 5.

［196］Xu, C. , The Fundamental Institutions of China's Reforms and Development [J]. Journal of Economic Literature, 2011, 49 (4): 1076 – 1151.

[197] Yang, G. , Y. Wang, Y. Zeng, G. F. Gao, X. Liang, M. Zhou, and T. Vos. , Rapid Health Transition in China, 1990 – 2010: Findings from the Global Burden of Disease Study 2010 [J]. The Lancet, 2013, 381 (9882): 1987 – 2015.

[198] Zhang, Q. , and R. Crooks. , Toward an Environmentally Sustainable Future: Country Environmental Analysis of the People's Republic of China [R]. Mandaluyong City, Philippines, Asian Development Bank, 2012.

[199] Zheng, S. , M. E. Kahn, W. Sun, and D. Luo. , Incentivizing China's Urban Mayors to Mitigate Pollution Externalities: The Role of the Central Government and Public Environmentalism [J]. Regional Science and Urban Economics, 2014, 47 (1): 61 – 71.

[200] Zheng, S. , Sun, C. , Kahn, M. E. , Self-Protection Investment Exacerbates Air Pollution Exposure Inequality in Urban China [R]. National Bureau of Economic Research, 2015, No. w21301.

[201] Zivin, J. G. , Neidell, M. , The Impact of Pollution on Worker Productivity [J]. The American Economic Review, 2012, 102 (7): 3652 – 3673.

[202] Zweig, J. S. , Ham, J. C. , Avol, E. L. , Air Pollution and Academic Performance: Evidence from California Schools [J]. Department of Economics, University of Maryland, 2009.

后　记

本书是在笔者博士论文基础上修改而成。

笔者在复旦写作博士论文时，得到了太多人的帮助。在本书即将完成之际，首先要感谢我的导师陈诗一教授。能够来到复旦，拜入陈老师门下，是我一生的财富。回首20余年的求学历程，从数学到水文学再到经济学，是陈老师带我这个非科班出身的理工科学生走进经济学的殿堂，让我在研究中切身感受到经济学的魅力。作为著名经济学家，陈老师对中国经济有着十分精准的理解，尤其是在中国经济的可持续发展方面，他深邃的思想，敏锐的见解，谦和的为人，无不潜移默化地影响着师门的每一个学子。师门每星期组织的Seminar，极大地便利了我们对学术研究的探讨，不论从感性还是理性上，都使我对经济学研究的认识不断加深。能够成为陈门子弟，是我求学生涯中一大幸事。没有陈老师三年来的谆谆教导，本书的写作将步履维艰。另外，本书的完成也得益于陈老师的国家社科重大基金项目"雾霾治理与经济发展方式转变机制研究"的资助，一并感谢。

感谢复旦大学经济学院的王永钦老师、张晏老师、王弟海老师、严法善老师、戚顺荣老师、葛劲峰老师等曾经教授给我学问的几位老师，感谢各位老师带我一点点揭开经济学那层神秘的面纱。还要感谢陈钊老师、陆铭老师、寇宗来老师、兰小欢老师、陈硕老师等经济学院其他各位老师，我从各位老师的讲座中听到了不同的观点，感受到了做学术的乐趣，更看到了各位老师的学术情怀，着实获益匪浅。我是幸运的，得以在复旦经院浓厚的学术氛围中，在大咖云集的各种学术活动中，犹如一株小苗，一点一点汲取学术的养料，终于苗壮成长。

当然还要感谢师母陈梅老师对我的诸多照顾。在学术之余，陈梅老师在生活上给予我很多帮助和鼓励，让我在离家乡千里以外的地方，感觉到些许家的温暖。同时感谢辅导员江源老师，感谢她极力推荐当时缺乏自信的我去申报"复旦大学学术之星"，并给予我诸多肯定和鼓励。幸运的是，我获得了这项荣誉,并由衷为此而感到自豪,长久以来,我将这份荣誉视作为支撑我潜心学术研究,助力我在学术道路上越走越远的一份初心。

本书的部分章节,曾发表于《经济研究》《中国工业经济》《统计研究》等学术期刊上,感谢匿名审稿人的中肯意见。本书的最终完稿,还得益于我参加研讨会报告某些章节时,为我提出指导意见的各位老师、前辈和学友们。他们是聂辉华老师、陈斌开老师、范子英老师、刘瑞明老师、梁平汉老师、曹春方老师、何晓波老师、赵达师弟等,还要感谢师门所有同门对本书提出的宝贵意见。尽管受益于许多人的批评指导,但是本书所有可能的疏漏和错误皆由本人学业不精所致,由本人负全部责任。

在我20余年的求学生涯中,最应该感谢的是我的家人。感谢我的父母一直无条件地对我求学的支持和鼓励,没有他们的支持和理解,我很难顺利完成学业。特别感谢我的爷爷和奶奶。从小到大,奶奶对我的影响至深,她虽不识字,却识大体,教会我坚强和勇敢。8年前,奶奶被查出患有肺癌,她从容选择手术,与病魔作殊死决斗,最后奶奶战胜了病魔,现在身体十分硬朗,我由衷敬佩她。爷爷是个乐观的人,他教会我不论遇到怎样的困难,都要乐观面对。在本书完成之前,爷爷最终不敌病魔离我们而去,愿他老人家走好。感谢妹妹,在我离开家的日子里,陪伴在爷爷奶奶和父母身边。感谢两位姑姑以及表哥表姐表妹,在我求学在外的这些年,时常回家看望两位老人,让他们不感到孤独。还要感谢我的先生郭峰,他的帮助和支持让我能够把更多精力放到本书的写作上,而没有后顾之忧。

最后要感谢复旦大学,圆了我的博士梦。先哲庄子曾言:"吾生也有涯,而知也无涯,以有涯随无涯,殆已!"但我愿意用我有限的生命去探索无限的未知领域。古希腊哲学家芝诺曾经把人的知识比做一个圈圈,我十分乐意扩大圆圈内的已知,并敢于追求和探索圆圈外的未知,这就是我一直以来梦想读博士的原因。"经邦济世,强国富民",是我在经院开学典礼上学到的第一堂课。记得当时一阵感动,家国天下,匹夫有责,更何况是知识分子,这成为我日后做经济学学术研究的终极理想和情怀。在复旦大学求学的这段经历,将是我一生中最宝贵的财富,我必定珍重。

石庆玲

2018年12月